Vito Tagliente (Hg.)
Sonja Rücker
Ursula Tilsner

Erdkundeunterricht auf Schulhof & Co. Klasse 5/6

Stundenentwürfe zu Lehrplaninhalten für aktiv-entdeckendes Lernen außerhalb des Klassenzimmers

Auer

Der Herausgeber:

Vito Tagliente: Ausbildungsleiter für Grund-, Haupt-, Real- und Förderschullehramt für Deutsch und Diagnostizieren, Fördern und Beurteilen

Die Autorinnen:

Sonja Rücker: Erdkundelehrerin an einer Förderschule (Praktische Bildbarkeit und Lernhilfe) und Ausbildungsbeauftragte für Förderschullehramt

Ursula Tilsner: Ausbildungsleiterin für Grund-, Haupt-, Real- und Förderschulamt für Geografie und Musik

Bildnachweise:

S. 36: Planeten: The Solar System © blueringmedia, Fotolia.com, Nr. 53649535

S. 49: Planeten: Europakarte © Tanja Bagusat, Fotolia.com, Nr. 19701796

Gedruckt auf umweltbewusst gefertigtem, chlorfrei gebleichtem
und alterungsbeständigem Papier.

1. Auflage 2015
Nach den seit 2006 amtlich gültigen Regelungen der Rechtschreibung

Illustrationen: Steffen Jähde, Hendrik Kranenberg, Thorsten Trantow
Satz: Fotosatz H. Buck, Kumhausen
Druck und Bindung: Kessler Druck + Medien GmbH, Bobingen
ISBN 978-3-403-**07635**-3

www.auer-verlag.de

In der Regel findet Unterricht ausschließlich im Klassenzimmer bzw. in Fachräumen statt. Unbeachtet bleiben die Möglichkeiten, die das direkte Umfeld im Bereich der Schule bietet. Gerade die Einbeziehung des Schulgeländes in den Lernprozess der Schüler[1] bringt jedoch Vorteile mit sich:

- Das Schulgelände bietet ganz unterschiedliche Lernorte: Pausenhof, Schulgänge, Wiesen, Sport- und Spielgeräte, Parkplätze, evtl. angrenzende Waldgrundstücke etc. Dementsprechend vielfältig kann der Unterricht auch geplant werden, wenn diese Möglichkeiten sinnvoll integriert und genutzt werden.
- Ein Wechsel der Lernstätte bietet Schülern eine willkommene Abwechslung: Der Schulalltag wird durchbrochen und die Aufnahmefähigkeit der Schüler erhöht. Durch die Nutzung des Schulgeländes als ausnahmebildenden Lernort wird eine neue Grundstimmung erzeugt. Es herrscht zweifelsohne eine andere Lernatmosphäre als im Klassenzimmer.
- Besonders nach dem Wechsel in eine weiterführende Schule kann eine effiziente Erkundungsmöglichkeit des Schulumfeldes in das Lernen integriert werden. Somit wird die effektive Lernzeit erhöht und beide Ziele – Vertrautmachen mit der alltäglichen Umgebung und Erreichen der fachspezifischen Ziele und Standards – werden gleichermaßen bedacht.
- Nachgewiesenermaßen werden sowohl die Behaltensleistung als auch die Aufmerksamkeit der Schüler erhöht, wenn sie sich beim Lernen bewegen. Durch bewegtes Lernen werden Schüler körperlich und geistig stärker aktiviert und gefordert, was insgesamt die Informationsaufnahme, -verarbeitung und -speicherung erleichtert. Insbesondere bei sonst unruhigen Schülern kann sich daraus eine erhöhte Konzentrationsbereitschaft entwickeln.
- Die räumlichen Grenzen eines Klassenzimmers fördern die beängstigende Tatsache, dass sich heutzutage nur ein Drittel aller Kinder ausreichend bewegt. Gesundheitliche und motorische Probleme sind die Folge. Durch die Verlegung des Unterrichts nach draußen und eine entsprechende Unterrichtsgestaltung kann dem in kleinen Schritten entgegengewirkt werden.
- Häufig wird aufgrund des Platzmangels im Klassenzimmer auf ein handlungs- und produktionsorientiertes Vorgehen verzichtet. Der Pausenhof als Lernstätte bietet aber nicht nur mehr Platz, sondern teilweise auch Materialien und Begebenheiten, die sich gut in den Unterricht einbetten lassen.
- Ein ganzheitliches Lernen – mit allen Sinnen – ist außerhalb des Klassenraums eher möglich als innerhalb der gewohnten vier Wände.
- Die in dieser Unterrichtshilfe vorgestellten Stunden sind meist nach kooperativen Prinzipien aufgebaut. Die Förderung und Stärkung der sozialen Kompetenz der Lernenden ist somit ein ständiger Nebeneffekt.

Ziel dieser Veröffentlichung ist es, Lehrern vielfältige Anregungen zu geben, um diese Möglichkeiten zu nutzen. Dabei werden die einzelnen Themen so aufbereitet, dass sie außerhalb des Klassenzimmers in verschiedenen Sozialformen bearbeitet werden. Die Themen decken nicht den kompletten Lehrplan eines Jahrgangs ab, sondern wurden so ausgewählt, dass ihre Bearbeitung „im Freien" sinnvoll, effektiver und einfacher zu gestalten ist als innerhalb des Klassenzimmers.

Zu jedem Thema finden Sie einführend methodisch-didaktische Hinweise. Hier wird kurz erläutert, wieso sich diese Sequenz für das Unterrichten außerhalb des Klassenzimmers eignet, sowie der Nutzen und der Lernerfolg für die Schüler begründet. Ebenso erfolgt der Hinweis auf Vorerfahrungen, die die Lernenden mitbringen sollten, um die betreffende Sequenz erfolgreich durchzuführen.

---

1 Aufgrund der besseren Lesbarkeit ist in diesem Buch mit Schüler immer auch die Schülerin gemeint, ebenso verhält es sich bei Lehrer und Lehrerin etc.

Außerdem wird kurz die zu fördernde Kompetenz benannt und Sie erhalten einen Überblick über notwendige Vorbereitungen und Materialien.

Stifte und Extrablätter sind bei fast allen Stunden notwendig; diese sind nicht extra aufgeführt.

Aus der tabellarischen Aufstellung entnehmen Sie den Aufbau der Sequenz. In der rechten Spalte erhalten Sie jeweils Tipps zur Umsetzung, die darauf eingehen, worauf in einzelnen Phasen insbesondere geachtet werden sollte, mit welchen Problemen Sie rechnen müssen und wie man diesen entgegenwirken kann.

Außerdem beinhalten die Kapitel meist Kopiervorlagen zur Unterstützung der konkreten Umsetzung, wenn dies nötig ist.

Im Anschluss erhalten Sie Hinweise zur möglichen Weiterarbeit an dem entsprechenden Thema oder mögliche anknüpfende Themengebiete.

Beachtet werden sollten bei jeglicher Durchführung allerdings die Aufsichtsregelungen. Als Lehrer sind Sie dazu verpflichtet, Ihre Schüler im Unterricht zu beaufsichtigen. In einigen hier vorgestellten Unterrichtssequenzen ist es nicht möglich, alle Schüler gleichzeitig im Blick zu behalten. Insbesondere wenn in Kleingruppen an verschiedenen Orten auf dem Schulgelände gearbeitet werden soll, ist es deshalb dringend notwendig, dass Sie die Schüler vorher über Verhaltensregeln informieren. Ein Verlassen des Schulgeländes ohne Aufsicht sollte ausnahmslos untersagt bleiben.

Stellen Sie sicher, dass Sie für die Schüler in Reichweite bleiben und bei auftauchenden Problemen einfach zu erreichen sind.

Wir wünschen Ihnen viel Erfolg und viel Freude mit den hier vorgestellten Unterrichtsvorschlägen!

Vito Tagliente (Hg.), Sonja Rücker und Ursula Tilsner

Inhalt: Die Schüler erfahren anschaulich, wie Tag und Nacht entstehen, indem sie die Konstellation von Erde und Sonne nachstellen.

Methodisch-didaktische Überlegungen: Die Schüler stellen in Gruppen die Anordnung von Sonne und Erde (bzw. die Bewegung der Erde um die eigene Achse) nach, ordnen Uhrzeiten zu und erfahren so die Entstehung von Tag und Nacht.

Außer Acht gelassen werden kann dabei die maßstabsgetreue Nachbildung der Erde und der Sonne, allerdings sollte die Sonne größer sein als die Erde. Wichtig ist, dass die Erdachsenstellung sowie die Drehung der Erde (entgegen dem Uhrzeigersinn/gen Osten) einbezogen wird. – Zeitbedarf: 1 Unterrichtsstunde.

Kompetenzen: Naturphänomene und -prozesse erfahren, die zeitliche Gliederung der eigenen Lebenswelt nachvollziehen und erklären

Benötigte Materialien/Vorbereitung: Wasserball (gibt es mit Erdteilen bedruckt)/Luftballon mit Pappmaschee, Styroporkugeln o. Ä. als Sonne und Erde (mit Erdteilen beklebt), 1 Vorlage Uhrzeiten-Karten (▶ S. 8) pro Gruppe kopieren und ausschneiden, Schere, 1 Informationsblatt (▶ S. 9) pro Schüler kopieren (Lösungen S. 68), Kreide, Taschenlampe

Durchführung/Aufgabenstellungen	***Anmerkungen/Tipps***
Einstieg Der Lehrer stellt die Frage, wie es zur Entstehung von Tag und Nacht kommt. Die Schüler stellen Vermutungen an, die an der Tafel gesammelt werden. Nun werden für die Erarbeitungsphase Gruppen eingeteilt, eine Gruppe sollte dabei aus mindestens fünf Schülern bestehen (je ein Schüler für Erde und die vier Haupt-Uhrzeiten). Für die Erarbeitungsphase benötigen die Schüler Erde(n) und Sonne(n), die evtl. gemeinsam hergestellt werden können.	*Für die Erarbeitungsphase benötigen die Schüler je Gruppe eine Erde und eine Sonne. Evtl. können diese im Kunstunterricht angefertigt werden (Wasserball/Luftballon mit Pappmaschee, Styroporkugeln o. Ä. mit den Erdteilen versehen). Deutschland sollte markiert werden. Es gibt im Handel auch Wasserbälle, die bereits mit den Erdteilen bedruckt sind.* *Die Sonne kann auch als Symbol/Begriff dargestellt werden.*
Erarbeitung Jede Gruppe nimmt ihre Erde und ihre Sonne mit auf den Schulhof und erhält die Uhrzeiten-Karten (▶ S. 8) sowie das Informationsblatt (▶ S. 9). Nun werden die Rollen verteilt und gemäß der Anordnung auf dem Informationsblatt die Aufstellung vorgenommen: Die Sonne wird fest „installiert“. Ein Schüler hält die Erde und stellt sich in die Mitte.	*Bei mehr als vier Schülern können auch weitere Uhrzeiten „aufgestellt“ werden.*

Die anderen vier Schüler wählen zunächst eine Uhrzeiten-Karte aus und stellen sich passend zur Uhrzeit auf ihrer Karte um die Erde. Gemeinsam sollen die Schüler nun die Fragen auf dem Informationsblatt beantworten und sich möglichst selbst Fragen ausdenken. Diese können sie später der Lerngruppe stellen.	*Wichtig ist, dass der Schüler die Schrägstellung der Erdachse gemäß des Informationsblattes korrekt darstellt, da ansonsten Missverständnisse aufgrund der Jahreszeit entstehen können.*
Präsentation Abschließend findet sich die gesamte Lerngruppe in einem großen Kreis zusammen. Die Ergebnisse werden vorgestellt und miteinander verglichen.	*Dabei ist es sinnvoll, wenn eine Gruppe sich noch einmal entsprechend der Anordnung aufstellt.*
Sicherung Mit Kreide wird in die Mitte des Schülerkreises eine abschließende Darstellung der Konstellation von Erde und Sonne, wie zuvor durch die Schüler dargestellt, aufgemalt (Erde, Sonnenstrahlen, Uhrzeiten). Anschließend sollte eine Festigung, wenn möglich am Modell im Klassenraum (mit Taschenlampe), erfolgen.	
Reflexion Nach Abschluss der Ergebnisdarstellung sollten die Erkenntnisse reflektiert werden, um den Schülern eine Verbalisierung der Entstehung von Tag und Nacht zu ermöglichen. Folgende Fragen bieten sich zu einer angeleiteten Reflexion an: • Was war neu für dich? • Wie beurteilst du die Arbeitsweise des Modell-Nachstellens? • Kannst du in drei Sätzen erklären, wie es zur Entstehung von Tag und Nacht kommt?	*Notieren Sie die Reflexionsfragen evtl. an der Tafel.*

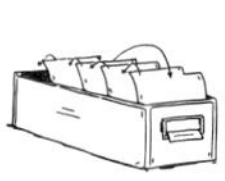

Möglichkeiten der Weiterarbeit:

- Naturerscheinung bzw. Tätigkeiten zu Tag und Nacht zuordnen
- die Mondphasen (Mond in das Modell einbeziehen) kennenlernen
- Zeitzonen thematisieren

6.00 Uhr
morgens

18.00 Uhr
abends

24.00 Uhr
nachts

12.00 Uhr
mittags

2.00 Uhr 

4.00 Uhr 

8.00 Uhr 

10.00 Uhr 

14.00 Uhr 

20.00 Uhr 

16.00 Uhr 

22.00 Uhr 

Anordnung:

Beachtet folgende Punkte bei eurer Aufstellung:

- Die Sonne hat einen festen Platz, sie steht still.
- Die Erde dreht sich um ihre eigene Achse.
- Die Erdachse ist schräg.
- Die Erde dreht sich entgegen dem Uhrzeigersinn.

Beantwortet die folgenden Fragen:

1. Wenn es in Deutschland Mittag ist, in welchen Ländern ist es zum gleichen Zeitpunkt Nacht?

2. In welchen Städten/Ländern herrscht fast immer Nacht? Wie lange dauert die Nacht dort?

3. In welchen Städten/Ländern herrscht fast immer Tag? Wie lange dauert der Tag dort?

4. Wenn in Australien die Sonne aufgeht, wo geht sie zeitgleich unter?

5. Wie viele Stunden braucht die Erde, um sich ein Mal um die eigene Achse zu drehen?

6. Wie entstehen Tag und Nacht?

7. Was bewirkt die Schrägstellung der Erdachse?

Inhalt: Die Schüler setzen sich mit den Jahreszeiten und ihren Eigenarten auseinander.

Methodisch-didaktische Überlegungen: In dieser Stunde soll es nicht darum gehen, wie die Jahreszeiten entstehen, sondern darum, die unterschiedlichen Jahreszeiten bewusst wahrzunehmen. Auf diese Weise entsteht ein Gesamtbild der jeweiligen Jahreszeit. Auf dem Pausenhof erfahren die Schüler jede Jahreszeit unmittelbar. Die Unterrichtsidee legt den Schwerpunkt auf das selbstständige Arbeiten/Planen der Schüler bzw. das gezielte Verfolgen eigener Interessensschwerpunkte. Sie ist auf jede Jahreszeit übertragbar.

Eine Auftragskarte gibt die Aufgabenstellung vor, die Themenkarten dienen der Orientierung und können beliebig erweitert werden. Es sollte gemeinsam geplant werden, welches Material benötigt wird, und dieses auch gemeinsam beschafft werden.

Die Stunde kann sowohl zu Beginn (Vorwissen einbringen/erfassen, Motivation, Transparenz der Inhalte) als auch in der Mitte (Vertiefung einzelner Themen, Behandlung von Zusatz- bzw. Wunschthemen) oder am Ende (Sicherung, Vertiefung, Zusatzthemen, Gesamtüberblick) der Einheit zu einer Jahreszeit stattfinden.
– Zeitbedarf: 3–4 Unterrichtsstunden.

Kompetenzen: Naturphänomene und -prozesse erfahren, die zeitliche Gliederung der eigenen Lebenswelt erkennen

Benötigte Materialien/Vorbereitung: 1 Vorlage Themenkarten (▶ S. 12–13) pro Schüler kopieren, 1 Auftragskarte (▶ S. 12) pro Schüler kopieren, diverse Materialien (z. B. Filmdosen, Texte, Kunstmaterialien, evtl. Erde, Pflanzen, Plakate, usw.), Digitalkamera, Aufnahmegerät

Durchführung/Aufgabenstellungen	***Anmerkungen/Tipps***
Einstieg	
Die Schüler lesen die Themenkarten (▶ S. 12–13) durch und entscheiden sich für ein Teilthema zur Jahreszeit. Sie erhalten zudem die Möglichkeit, eigene Vorschläge zu nennen.	*Schreiben Sie zu Beginn die Teilthemen an die Tafel. Fügen Sie Vorschläge der Schüler hinzu.*
Anschließend finden sie sich in Interessengruppen zusammen und lesen die Auftragskarte (▶ S. 12).	*Es können sowohl Kleingruppen als auch Zweiergruppen entstehen. Auch Einzelarbeit ist möglich.* *Der Einstieg findet im Klassenraum statt.*
Die Gruppe legt nun fest, was genau sie bearbeiten möchte, formuliert ein Ziel (ggf. mit Unterstützung des Lehrers) und teilt dies dem Lehrer mit. Sie legt fest, welche Materialien/Informationen benötigt werden, wie man diese bekommt bzw. wen man fragen kann.	*Hier kann es sinnvoll sein, sich in der Klasse auszutauschen, um einen größeren Ideen- bzw. Materialpool zu haben.*

Erarbeitung Auf dem Pausenhof können sich die Schüler nun mit ihren Arbeitsmaterialien einen Platz auf dem Schulhof suchen und die Aufgabenstellung gemäß der Auftragskarte bearbeiten. Dabei können die Schüler sich frei auf dem Pausenhof bewegen, um dort eventuelle Gegebenheiten zu nutzen und vor allem die entsprechende Jahreszeit und deren Charakteristika zu erfahren.	*Wählen Sie im Winter einen nicht allzu kalten und vor allem trockenen Tag aus.*
Präsentation Die einzelnen Teilthemen werden der gesamten Lerngruppe in zwei bis drei Schulstunden vorgestellt. Dabei sollen die Mitschüler mit einbezogen werden (s. auch Auftragskarte (▶ S. 12).	*Dies kann bei gutem Wetter auch auf dem Pausenhof geschehen.*
Reflexion Zum Abschluss ist es sinnvoll, der jeweiligen Gruppe ein Feedback zu geben und den Lernprozess zu reflektieren. Mögliche Fragen können hierbei sein: • Wie lief eure Gruppen-/Partner-/Einzelarbeit? • Gab es Diskussionen, seid ihr euch schnell einig geworden, habt ihr effektiv gearbeitet, was würdet ihr beim nächsten Mal anders machen? • Habt ihr insgesamt einen guten Überblick über die Jahreszeit bekommen? • Welche neuen Teilaspekte der Jahreszeit habt ihr kennengelernt? • An welchem Thema würdet ihr gerne weiterarbeiten?	*Notieren Sie die Reflexionsfragen evtl. an der Tafel.*

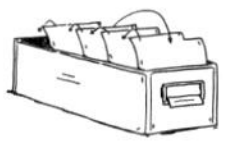

Möglichkeiten der Weiterarbeit:

- Entstehung der Jahreszeiten thematisieren
- je nach Stand der Einheit (Beginn, Mitte oder Abschluss) einzelne Themen auswählen, vertiefen und weiterbearbeiten

AUFTRAGSKARTE

Allgemeine Auftragskarte

- Entwerft für eure Lerngruppe eine Präsentation zu eurem Teilthema. Dabei sollte ein Arbeitsergebnis (Plakat, Modell, Handout, Gebasteltes, Rollenspiel o. Ä. entstehen).
- Zum Inhalt eurer Präsentation findet ihr Hinweise / Tipps auf eurer „Themenkarte". Entscheidet euch für einen Schwerpunkt, ggf. könnt ihr auch mehrere Aspekte bearbeiten.
- Seid kreativ und überlegt euch auch eine passende Aufgabe zu eurem Thema, bei der eure Mitschüler selbst aktiv werden können (z. B. Rätsel, Versuch, Hörauftrag o. Ä.).

THEMENKARTEN

SINNE

- Geräusche aufnehmen, erzeugen
- Gerüche (Geruchsdosen, -säckchen herstellen)
- Geschmack
- fühlen
- sehen
- usw.

KUNST

- Steine bemalen
- Fensterbilder
- Fotografie
- Blätter o. Ä. zu einem Kunstwerk zusammenfügen
- usw.

TIERE

- Amsel
- Igel
- Frosch
- Eichhörnchen
- usw.

➔ Winterschlaf, Aufzucht der Jungen, Nahrung usw.

DEUTSCH

- Gedichte
- „Elfchen"
- Jahreszeitenwörter
- Texte, Bildergeschichten, Comics
- Theaterstück, Rollenspiel
- usw.

Sonstige Themenvorschläge

- Wetter
- Kleidung
- Feste
- Zustände des Wassers
- andere Länder – Wo gibt es welche „Jahreszeiten"?
- usw.

PFLANZEN

- Tulpe
- Bohnenpflanze
- Schulgarten
- Blumenkasten entsprechend der Jahreszeit gestalten
- usw.

Inhalt: Die Schüler untersuchen ihre Heimatgemeinde (Bereich um die Schule) dahingehend, wie es ist, sich dort als Rollstuhlfahrer, Skateboard-/Rollerfahrer, Mutter/Vater mit Kinderwagen, alter Menschen mit Rollator, Hundehalter usw. zu bewegen.

Methodisch-didaktische Überlegungen: Sich von der Schule und der Lehrperson mit einem Arbeitsauftrag entfernen zu dürfen ist für viele Schüler ganz besonders motivierend. Man gesteht ihnen dadurch eine besondere Selbstständigkeit und Eigenverantwortung zu und zeigt ihnen außerdem, dass man Vertrauen in sie hat.

Je nach Schulort und Schullage ist es notwendig, gemeinsam mit der Klasse zu einem Startpunkt zu gehen, von dem aus sich alle Schüler wegbewegen und zu dem sie nach Ablauf der festgelegten Zeit wieder zurückkehren. Ein Brief an die Eltern, mit dem die Erlaubnis zur Erkundung des Geländes in Kleingruppen (mindestens jeweils drei Schüler) eingeholt wird, ist in jedem Falle notwendig.

Während des Perspektivwechsels erfahren die Schüler, dass der ihnen sonst so vertraute Raum, „mit anderen Augen" betrachtet, möglicherweise eine andere Bedeutung/einen anderen Stellenwert bekommt. Je nach Perspektive wird der Realraum unterschiedlich wahrgenommen. – Zeitbedarf: 4 Unterrichtsstunden.

Kompetenzen: sich zielgerichtet im Realraum bewegen, erfahren, dass Räume stets selektiv und subjektiv wahrgenommen werden, sich eigene und fremde Raumvorstellungen durch Perspektivwechsel bewusstmachen und vergleichen

Benötigte Materialien/Vorbereitung: 1 Tabelle (► S. 16) pro Schüler kopieren, 1 DIN-A3-Kopie eines Stadtplans/Schulumgebungsplans pro Gruppe kopieren, 1 Uhr pro Gruppe, evtl. Requisiten (z. B. Schlafmasken, Rollstuhl, Rollator, Kinderwagen, Skateboard, Fahrrad/Roller usw.)

Durchführung/Aufgabenstellungen	***Anmerkungen/Tipps***
Einstieg	
Mit den Schülern werden gemeinsam Personengruppen festgelegt, aus deren Perspektive das Gelände erkundet werden soll. Hierfür kann die Tabelle (► S. 16) herangezogen werden, es können aber auch eigene Ideen eingebracht werden.	*Je nach Schülergruppe können/sollten die Bedürfnisse der einzelnen Personengruppen zuvor im Plenum thematisiert werden.*
Gemeinsam wird besprochen, worauf geachtet werden sollte, z. B. sehr schmale Gehwege, Bordsteinkanten, die nicht abgesenkt sind, usw.	*Wenn sich die Schüler im Gelände gut auskennen, kann man ihnen auch die Wahl der Route überlassen. Diese sollte dann während des Erkundungsgangs in der Karte eingezeichnet werden.*
Vor dem Verlassen des Klassensaales sollte der Start- und Zielpunkt auf der Karte eingetragen werden. Der Lehrer gibt einen Zeitpunkt bekannt, an dem sich die Klasse wieder trifft.	*In jeder Gruppe sollte mindestens ein Schüler eine Uhr haben.*

Erarbeitung Nun erkunden die Schüler in Kleingruppen die festgelegte Route. Dazu schlüpfen sie in die Rolle der ihnen zugewiesenen Personengruppe: Welche Bedürfnisse hat sie? Gibt es Besonderheiten, die nur diese Gruppe benötigt/behindert oder ihr hilft? Diese Punkte werden in der Karte eingetragen. Außerdem sollten sich die Schüler Stichpunkte machen, wenn ihnen direkt vor Ort schon Möglichkeiten einfallen, wie man etwas ändern könnte.	*Besonders eindrucksvoll ist es, wenn man den Schülern bestimmte Utensilien mitgibt, anhand derer sie sich noch besser in die Personengruppe hineinversetzen können (z. B. Schlafmasken, Rollstuhl, Rollator, Kinderwagen, Skateboard, Fahrrad/Roller usw.)*
Präsentation Nach der Erkundung kehren die Schüer in den Klassensaal zurück und stellen ihre Ergebnisse der Gesamtgruppe vor.	*Die Schüler können ihren Streckenabschnitt entweder auf einer Gesamtkarte vorstellen, oder die einzelnen Kartenausschnitte werden während der Präsentation zu einem Ganzen „zusammengepuzzelt“.*
Reflexion Die Schüler werden nach der Erkundung das Bedürfnis haben, sich über ihre Erfahrungen auszutauschen. Folgende Fragen bieten sich zu einer angeleiteten Reflexion an: • Wie ist es euch während der Erkundung ergangen? • Seid ihr auf Hindernisse gestoßen, die ihr vorher nicht vermutet hattet? • Sind euch auf eurer Route Personen aufgefallen, die tatsächlich Probleme hatten?	*Notieren Sie die Reflexionsfragen evtl. an der Tafel.*

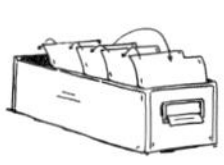

Möglichkeiten der Weiterarbeit:

- eine kindgerechte Stadt gestalten
- thematische Karten für die einzelnen Personengruppen erstellen
- räumliche Distanz/Zeitaufwand zum Überbrücken einer Distanz schätzen und ggf. vergleichen

Rolle	Requisiten	besondere Hinweise
ältere Person mit Rollator	Rollator	Sehr langsam gehen, auf Ampelschaltungen achten. Sind öffentliche Verkehrsmittel in einer kurzen Distanz erreichbar und kann man gut einsteigen?
blinde Person	Schlafmaske, Blindenstock	Von den anderen Gruppenmitgliedern geleiten lassen. Gibt es akustische Ampelsignale, „Stolperstellen“?
Fußgänger		Gibt es Straßenübergänge (Zebrastreifen, Ampel) in kurzer Distanz, Bänke zum Ausruhen?
Hundehalter		Gibt es Grünflächen speziell für Hunde? Gibt es ausreichend Boxen mit Plastiktüten und Abfalleimer? Gibt es „verbotene Zonen“ für Hunde?
Kind		Gibt es Spielgeräte, breite Gehwege, sichere Straßenübergänge?
Mutter/Vater mit Kinderwagen	Kinderwagen	Langsam gehen (evtl. kleines Kind an der Hand). Gibt es genügend Platz auf den Gehwegen, wie ist die zeitliche Schaltung der Fußgängerampeln?
Radfahrer	Rad	Helm, Verkehrsregeln beachten, besonders auf Radfahrer-Ampeln achten.
Rollstuhlfahrer	Rollstuhl	Schieben lassen oder selbst fahren. Ist die Gehwegbreite ausreichend? Wie ist der Zugang zu öffentlichen Gebäuden erreichbar? Einstieg in die öffentlichen Verkehrsmittel?
Skateboarder-/ Rollerfahrer	Skateboard, Roller	Auf Fußgänger achten, rücksichtsvoll agieren, Verkehrsregeln beachten.

Inhalt: Die Schüler lernen die einzelnen Bereiche ihrer (neuen) Schule kennen und tragen diese in eine Karte ein.

Methodisch-didaktische Überlegungen: Mit diesem Verfahren lernen die Schüler ihre neue Schule besser kennen, während sie gleichzeitig die Fähigkeit erwerben, reale Räume auf eine Karte zu übertragen.

Handlungsorientierte Unterrichtsformen sind gerade für jüngere Schüler besonders motivierend, da in der Regel deren Bewegungsdrang intensiver ausgeprägt ist als bei Schülern in höheren Klassen.

Auf dem Schulgelände arbeiten die Schüler eigenständig in Kleingruppen, wodurch die Eigenverantwortung der Schüler gefördert wird. – Zeitbedarf: 3 Unterrichtsstunden.

Kompetenzen: topografische Übersichtsskizzen und einfache Karten anfertigen, Informationen im Gelände durch gezielten Einsatz eingeführter geografischer Methoden (z. B. Zählen, Befragen, Beobachten und Kategorisieren) gewinnen

Benötigte Materialien/Vorbereitung: DIN-A3-Kopie des Schulgeländes mit sämtlichen Gebäudeteilen pro Gruppe kopieren

Durchführung/Aufgabenstellungen	***Anmerkungen/Tipps***
Einstieg Im Klassenraum wird gemeinsam vor der Kartierung des Schulgeländes eine Legende erstellt, in der festgehalten wird, was kartiert werden kann, z. B.: Schulgebäude/-trakte, Fachräume, Sportanlagen, Verwaltungstrakt (evtl. mit einzelne Aufgaben: Sekretariat, Hausmeister, Schulleitung usw.), Pausenbereiche, Mensa. Hierfür werden gemeinsam Symbole oder Farben festgelegt, die in der Legende verwendet werden sollen (z. B. Verwaltung = blau, Fachtrakte = grün, Klassensäle = rot, Sportanlagen = gelb usw.) Nun norden die Schüler ihre Karte des Schulgeländes und der Klassensaal wird eingetragen.	*Zum Kartieren genügt eine Schwarz-Weiß-Vergrößerung des Schulgeländes aus einem Stadtplan oder ein Kartenausschnitt aus dem Internet. Mit einer Web-Gis-Anwendung (interaktive Landkarten aus dem Internet) lassen diese sich einfach erstellen (z. B. hessenviewer.hessen.de).*
Erarbeitung Die Schüler erkunden in Kleingruppen die einzelnen Bereiche der Schule und tragen diese anhand der in der Klasse erstellten Legende in die Karte ein.	*Wählen Sie Gruppen von drei bis vier Schülern. Leistungsschwächere Schüler können in leistungsheterogenen Gruppen von stärkeren Schülern profitieren.* *Weisen Sie die Schüler darauf hin, falls u. U. Gebäude oder Funktionen in der Zusammenstellung vergessen wurden. Die „Detektivarbeit“ wird sie besonders motivieren.*

Präsentation Die Schüler stellen im Klassensaal die erkundeten Schulbereiche vor. Dabei können die Ergebnisse als „Gallery-Walk“ für alle sichtbar oder zum Vergleichen im Klassenraum ausgehängt werden.	*Sie können je nach Größe der Schule die Kleingruppen auch in unterschiedliche Bereiche des Schulgeländes schicken und so arbeitsteilig kartieren lassen.*
Sicherung Aus den einzelnen Ergebnissen wird ein gemeinsamer Schulplan mit der Gesamtgruppe erstellt.	

Möglichkeiten der Weiterarbeit:

- ein maßstabsgetreues Schulgebäude planen und bauen
- Erkundungsaufgaben lösen: Wo kann in unserer Schule Wasser / Strom gespart werden?
- Legendenarbeit mit beliebigen thematischen Karten üben

Inhalt: Die Schüler erkennen Himmelsrichtungen ohne Kompass. Dazu stellen sie über den Tag Beobachtungen an, die sie anschließend gemeinsam reflektieren und abschließend evtl. mit dem Kompass kontrollieren können.

Methodisch-didaktische Überlegungen: Anhand der Sonne (Lauf, Schattenwurf) können die Himmelsrichtungen erschlossen werden. Die Himmelsrichtungen benötigen wir für die Arbeit mit Karten, das Lesen von Stadtplänen, Lagebeschreibungen usw. Die vorliegende Unterrichtsidee soll die Schüler animieren, selbst zu überlegen, wie man ohne Kompass auf die Himmelsrichtungen kommt. Hierzu wird der Lauf der Sonne genau beobachtet.

Vorab sollten die Himmelsrichtungen wiederholt und eine Windrose beschriftet werden. Zudem sind Merksätze zum Sonnenlauf und weiteres Vorwissen der Schüler, wie die Lage einer bestimmten Stadt in einer Himmelsrichtung, hilfreich.

Um den Schülern genug Zeit für ihre Beobachtungen zu geben, findet die Ergebnispräsentation erst in einer folgenden Stunde statt, in der auch das Vorgehen reflektiert wird. – Zeitbedarf: 4 Unterrichtsstunden.

Kompetenzen: die Sonne als Orientierung kennen und nutzen, Naturphänomene und -prozesse erfahren, einfache Skizzen anfertigen, eigene Lösungsvorschläge einbringen

Benötigte Materialien/Vorbereitung: 1 Arbeitsblatt mit Windrose (► S. 21) pro Schüler kopieren, 1 Protokollbogen (► S. 21) pro Gruppe kopieren, 1 Skizze des Schulhofs pro Gruppe kopieren, gelbe Klebepunkte, Kreide

Durchführung/Aufgabenstellungen	***Anmerkungen/Tipps***
Einstieg	
Im Klassensaal sollen die Schüler eine Windrose (► S. 21) mit den vier Haupt- und den jeweiligen Nebenhimmelsrichtungen beschriften. Anschließend wird das Vorwissen der Schüler aktiviert und Merksätze zu den Himmelsrichtungen werden an der Tafel notiert, z. B.: Im Osten geht die Sonne auf, im Süden nimmt sie ihren Lauf, im Westen wird sie untergehen, im Norden ist sie nie zu sehen.	*Geben Sie das Ziel der Stunde bekannt, um Zieltransparenz zu schaffen.* *Merksatz zur Anordnung der Himmelsrichtungen im Uhrzeigersinn:* ***N****ie* ***o****hne* ***S****eife* ***w****aschen.*
Erarbeitung	
Die Schüler erhalten auf dem Schulhof folgenden Arbeitsauftrag: Wie kann man die Himmelsrichtung herausfinden, wenn man keinen Kompass zur Hand hat? Es werden gemeinsam Ideen gesammelt (Sonne, Schattenwurf) und Zeitpunkte für die Beobachtung festgelegt, z. B. morgens und mittags, alle zwei Stunden usw. In Kleingruppen können die Schüler nun mit ihrer Arbeit beginnen. Dafür stehen ihnen ein Protokollbogen (► S. 21), eine Skizze des Schulhofs sowie gelbe Klebepunkte zur Verfügung.	*Um den Stand/Lauf der Sonne deutlicher werden zu lassen, ist es sinnvoll, einen langen Schultag (evtl. mit Nachmittagsunterricht) für die Beobachtungen zu nutzen. Wenn dies nicht möglich ist, kann man die Schüler auch bis zum nächsten Schultag Beobachtungen machen lassen.* *Dabei könnten die Schüler z. B. auch etwas bauen (z. B. eine Sonnenuhr).*

Präsentation Jede Gruppe zeichnet nun mit Kreide ihre Windrose auf den Schulhof und präsentiert ihre Ergebnisse. Die Ergebnisse werden miteinander verglichen und mögliche Unterschiede diskutiert. Die Zeit auf dem Schulhof sollte hier genutzt werden, um den Lauf der Sonne gemeinsam zu besprechen. Zudem sollten die Himmelsrichtungen abschließend mit einem Kompass überprüft werden.	*Die Schüler sollten sich dabei in einen Kreis um die Windrosen stellen. Eine Meldekette ermöglicht eine geordnete Diskussion.*
Reflexion Im Klassenraum werden die Schulhofskizzen eingenordet und die Himmelsrichtungen im Klassenraum angebracht. Zusätzlich können nun Städte bzw. Wohnorte der Schüler, städtische Einrichtungen, Länder usw. gemäß der Himmelsrichtungen angebracht werden.	

Möglichkeiten der Weiterarbeit:

- Windrichtungen und Wetter thematisieren
- mit dem Kompass arbeiten
- Wegweiser mit den Himmelsrichtungen sowie mit größeren Städten in Deutschland oder der Welt für den Schulhof bauen

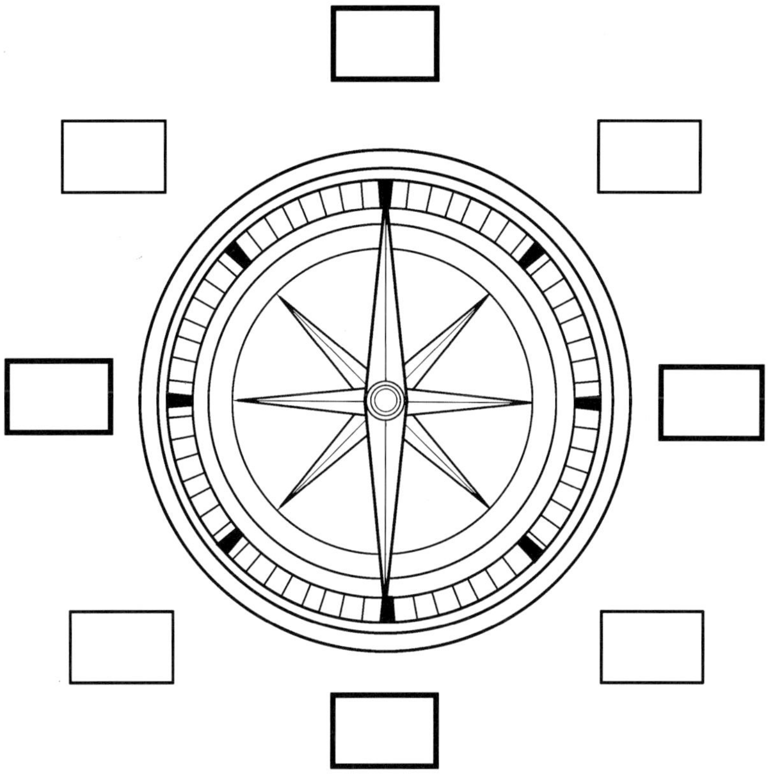

PROTOKOLLBOGEN

Uhrzeit	Beschreibe den Stand der Sonne. Wie wird der Schatten geworfen?	Himmelsrichtung

Inhalt: Anhand eines Treppenmodells erarbeiten sich die Schüler eine Vorstellung von den zeitlichen Dimensionen der Entstehung der Erde vom Urknall bis heute.

Methodisch-didaktische Vorüberlegungen: Die zeitlichen Dimensionen der Entwicklungsgeschichte unserer Erde anschaulich darzustellen ist nahezu unmöglich. Mit diesem Unterrichtskonzept soll den Schülern eine optische Hilfestellung gegeben werden. Die Aufstellung auf einer Treppe bietet den Vorteil, dass alle Erdzeitalter auf einen Blick erfasst werden können. Je nach Länge der Treppe ballen sich auf den letzten beiden Stufen die meisten der aufzustellenden Figuren. So kann auch verdeutlicht werden, dass der Mensch im Verhältnis zur Lebensdauer der Erde noch nicht lange existiert. – Zeitbedarf: 2 Unterrichtsstunden.

Kompetenzen: die zeitlichen Dimensionen ab der Erdentstehung erkennen, die Daten zur Erdgeschichte in eine andere Darstellungsform übertragen

Benötigte Materialien / Vorbereitung: verschiedene Modelle (z. B. Wurm, Fisch, Vogel, Dinosaurier, Wolf / Hund, Mensch (z. B. Puppe), Bakterie (z. B. Kunststoffverpackung / Plastikverpackung eines Überraschungseies), Farn, Zweig eines Nadelbaums (z. B. Kiefer)), 1 Arbeitsblatt (▶ S. 24) pro Schüler kopieren, 1 Tabelle (▶ S. 25) pro Schüler kopieren

Durchführung / Aufgabenstellungen	***Anmerkungen / Tipps***
Einstieg Zunächst sollte gemeinsam mit den Schülern festgelegt werden, welche Treppe der Schule sich für die Aufstellung eignet. Anschließend kann gemeinsam geklärt werden, welche Materialien / Modelle zu welchen Erdentwicklungsabschnitten gehören können.	
Erarbeitung Vor der Aufstellung der Figuren auf der Treppe müssen die einzelnen Entwicklungsstufen / Erdzeitalter der Welt besprochen werden. Daher sollen die Schüler zunächst überlegen, welchem Entwicklungsabschnitt der Erde die vor ihnen liegenden Materialien zugeordnet werden können. Danach schätzt jeder Schüler ein, auf welcher Treppenstufe die Modelle positioniert werden könnten, notiert diese auf seinem Arbeitsblatt (▶ S. 24) und vergleicht seine Einschätzung mit der eines anderen Schülers.	*Lassen Sie die Schüler einzeln eine erste Einordnung vorneh-men und erst danach mit einem Partner vergleichen (Think-Pair-Methode).*

Präsentation An der Treppe stellt der Lehrer gemeinsam mit den Schülern die Modelle/Materialien der allgemeinen Einschätzungen nach auf. Hierbei können die Schüler begründet diskutieren und sich auf eine Lösung einigen. Wenn mehrere Modelle/Materialien besorgt werden können, können auch unterschiedliche Einschätzungen parallel oder an verschiedenen Treppen aufgestellt werden. Das funktioniert besonders gut, wenn es verschiedene Treppenaufgänge gibt, da sich die Schüler dann nicht gegenseitig beeinflussen können.	*Die Aufstellung auf einer langen Treppe ist anschaulicher. Da nicht in allen Schulen Treppen mit sechzehn und mehr Stufen vorhanden sind, kann die Aufstellung auch auf einer ebenen Fläche auf dem Schulhof stattfinden.* *Wenn es Ihnen nicht möglich ist, entsprechende Materialien zu besorgen, ist eine Aufstellung auch mit Plakatstreifen möglich.*
Sicherung Im Anschluss daran werden die Materialien gemeinsam auf einer Treppe auf die tatsächlich errechneten Treppenstufen (Tabelle ► S. 25) aufgestellt. So kann den Schülern eindrücklich verdeutlicht werden, dass eine sehr lange Zeit nach dem Urknall keine Lebensformen existierte (vor ca. 4.500 Mio. Jahren), sich die Ein- und Vielzeller langsam entwickelten (vor ca. 2.500 Mio. Jahren) und nach dem Trias die Artenvielfalt nahezu explodierte (innerhalb der letzten 150 Mio. Jahre).	
Reflexion Folgende Fragen bieten sich zu einer angeleiteten Reflexion an: • Betrachtet die verschiedenen Ergebnisse. Was ist gleich, was ist anders? • Gibt es eine Stelle in der Aufstellung, die dir besonders auffällt? • Was denkst du nun darüber, dass wir Menschen im Vergleich zum Alter der Erde noch nicht besonders lange existieren?	*Notieren Sie die Reflexionsfragen evtl. an der Tafel.*

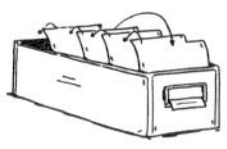

Möglichkeiten der Weiterarbeit:

- Entstehung der Alpen thematisieren
- Entstehung von Böden in unterschiedlichen Erdzeitaltern untersuchen (insbesondere Buntsandstein oder Muschelkalk)

Auf welche Stufe würdest du die Figur stellen?

vor ... Mio. Jahren	Ereignis	Figur (Beispiele)	meine Schätzung	tatsächliche Stufe
4.500	Entstehung der Erde		unterste Stufe	
3.000	erste Bakterien	Kunststoffverpackung eines Überraschungseies		
1.000	erste Würmer und Algen	Figur eines Wurmes		
500	erste Fische	Figur eines Fisches		
440	erste Landpflanzen	z. B. Farn		
410	erste Amphibien und Insekten, erste Wälder			
250	Nadelbäume, erste Dinosaurier	Zweig eines Nadelbaums (z. B. Kiefer)		
200	erste Vögel, Palmfarne	Figur eines Vogels		
145	Dinosaurier	Figur eines Dinosauriers		
65	Aussterben der Dinosaurier; Ausbreiten der Säugetiere, Vögel und Blütenpflanzen	Figur eines Wolfes / Hundes		
2,5	der Mensch	Figur eines Menschen		

Gesamtstufenzahl / vor … Mio. Jahren	Ereignis	12	15	24	33	42
4.500	Entstehung der Erde	0	0	0	0	0
3.000	erste Bakterien	4	5	8	11	14
1.000	erste Würmer und Algen	9	12	19	26	33
500	erste Fische	11	13	21	29	37
440	erste Landpflanzen	11	14	22	30	38
410	erste Amphibien und Insekten, erste Wälder	11	14	22	30	38
250	Nadelbäume, erste Dinosaurier	11	14	23	31	40
200	erste Vögel, Palmfarne	11	14	23	32	40
145	Dinosaurier	12	15	23	32	41
65	Aussterben der Dinosaurier; Ausbreiten der Säugetiere, Vögel und Blütenpflanzen	12	15	24	33	41
2,5	der Mensch	12	15	24	33	42

Inhalt: Die Schüler vergleichen unterschiedliche Bodenproben und lernen die einzelnen Bodenbestandteile kennen.

Methodisch-didaktische Überlegungen: Der Begriff Boden bezeichnet die oberste Schicht der Erdkruste, die durch immer noch vorwährende physikalische, chemische und biologische Prozesse entstanden ist. Diese Schicht zeichnet sich zum einen dadurch aus, dass sie belebt ist, was vor allem daran liegt, dass sie von Wasser und Luft durchsetzt ist. Zum anderen ist der Boden klimatischen Gegebenheiten ausgesetzt. Die Bodenschicht kann in verschiedene Bodenhorizonte unterteilt werden. Diese unterscheiden sich in Struktur und Farbe erheblich von den darunterliegenden Schichten (z. B. Fest- oder Lockergestein). Böden sind äußerst komplexe Gefüge, die in unterschiedlichster Zusammensetzung und Stärke die Erdoberfläche bedecken. Sie bestehen jedoch alle aus mineralischen Substanzen, organischen Bestandteilen, Bodenwasser und Bodenluft.

Eine Definition für den Begriff Boden zu formulieren stellt eine große Herausforderung dar. Daher können die Schüler als Einleitung zu dieser Unterrichtsidee versuchen, eine eigene Definition zu formulieren. Diese kann am Ende der Einheit überprüft und ggf. umgeschrieben werden. – Zeitbedarf: 4 Unterrichtsstunden.

Kompetenzen: Prozesse sowie deren Folgeerscheinungen für die Gesellschaft und Umwelt angeleitet beurteilen, Informationen im Gelände durch gezielten Einsatz eingeführter geografischer Methoden (z. B. Probennahmen) gewinnen

Benötigte Materialien/Vorbereitung: 1 Schaufel pro Gruppe, 1 Steckbrief (▶ S. 28) pro Schüler kopieren, 1 Lupe pro Gruppe, 1 Tabelle zur Bodennutzung (▶ S. 29) pro Gruppe kopieren, mehrere Plastikbeutel

Durchführung/Aufgabenstellungen	***Anmerkungen/Tipps***
Einstieg	
Im Klassensaal werden Dreier- oder Vierergruppen gebildet, die gemeinsam die Bodenproben entnehmen und untersuchen sollen. Jede Gruppen sucht sich auf dem Schulgelände eine Stelle aus, an der sie die Bodenproben entnehmen möchte. Ggf. ist es auch möglich, hierzu einen gemeinsamen Unterrichtsgang zu einem nahen Feld, Park oder Wald zu unternehmen.	*Je nach Klasse und Ziel kann man die einzelnen Bereiche, in denen die Bodenproben entnommen werden, auch kartieren lassen. Dabei wird sowohl der Entnahmeort als auch die Bodennutzung eingetragen.*
Zudem wird vor dem Verlassen des Klassensaals besprochen, wie tief zur Entnahme gegraben werden soll, wie genau die Bodennutzung beschrieben werden soll und wie die Bodenproben markiert oder beschriftet werden sollen, damit im Klassensaal nachvollziehbar ist, woher die Proben stammen.	*Proben können aus dem Schulgarten, vom Spielplatz und aus Beeten entnommen werden. Bitte weisen Sie die Schüler darauf hin, dass sie umsichtig mit den Pflanzen umgehen sollen.*

Erarbeitung Die Schüler entnehmen mit Schaufeln nacheinander Bodenproben an den festgelegten Stellen und untersuchen diese mithilfe einer Lupe und des Steckbriefes (► S. 28) auf ihre Korngröße, ihren Feuchtigkeitsgehalt, die Farbe, Bodenlebewesen, den Geruch usw. Dabei achten die Schüler auch darauf, wie der Boden genutzt wird, und notieren die Nutzung (z. B.: Welche Feldfrüchte werden angebaut? Welche Blumen werden angepflanzt?) in der Tabelle zur Bodennutzung (► S. 29). Die Bodenprobe sollten in einer Plastiktüte mit in den Klassensaal gebracht werden.	*Sie können der Klasse auch zusätzliche Aufgaben auftragen, z. B.: Notiere Stoffe, die in den Boden gelangen (Blätter umstehender Bäume und Sträucher, Zuläufe von Bächen, künstliche Bewässerung, Düngung usw.).*
Präsentation Im Klassensaal stellen die Schüler ihre Ergebnisse so zusammen, dass sie der Gesamtgruppe vorgestellt werden können. Wenn mehrere Proben pro Gruppe entnommen wurden, entscheidet sich die Gruppe für einen Boden, der den Schülern besonders erscheint und den die Gruppe der Klasse genauer vorstellen will. Dabei sollte folgende Frage beantwortet werden: Warum habt ihr gerade diesen Boden ausgesucht? Die Auswahl kann anhand der im Steckbrief eingetragenen Kriterien begründet werden.	*Bevor die Bodenproben mit denen der anderen Gruppen verglichen werden, ist es sinnvoll, die eigenen Proben noch ein weiteres Mal „unter die Lupe“ zu nehmen.*
Sicherung Im Anschluss an die Präsentation vergleichen die Schüler die ausgewählte Bodenprobe mit denen der anderen Gruppen. • Welche Unterschiede/Gemeinsamkeiten gibt es? • Sind die Proben im gleichen Gebiet entnommen worden? • Ist die Bodennutzung im Umfeld der Probenentnahme identisch/ähnlich?	*Diese Phase dient dazu, den Schülern bewusst zu machen, dass auf kleinstem Gebiet die unterschiedlichsten Bodenarten vorkommen können, insbesondere dann, wenn die Nutzung unterschiedlich ist.*

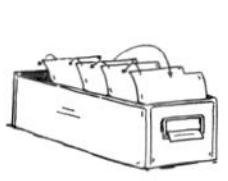

Möglichkeiten der Weiterarbeit:

- untersuchen, was bei intensiver Bodennutzung passiert
- Verwitterungsarten thematisieren
- erforschen, wie aus Stein Boden wird

STECKBRIEF

Hier habe ich meine Bodenprobe entnommen: ______________________________

____

Nummer der Bodenprobe: ______________________________

Die Bodenprobe hat folgende Farbe/Farben:	○ braun ○ grau ○ schwarz ○ weiß ○ gelb ○ __________ ○ rot
So riecht die Bodenprobe:	○ modrig ○ faulig ○ pilzig ○ frisch ○ erdig ○ blumig ○ __________
So fühlt sich die Bodenprobe an:	○ körnig ○ samtig ○ krümelig ○ matschig ○ sandig ○ __________
Folgende Lebewesen konnte ich in der Bodenprobe entdecken:	○ ______________________________ ______________________________ ______________________________ ○ Keine.
Weitere Auffälligkeiten:	______________________________ ______________________________ ______________________________

Nummer der Bodenprobe	Wo wurde die Bodenprobe entnommen?	Gibt es in der Nähe eine Wasserquelle? Wie weit ist diese entfernt?	Was wächst auf dem Boden? Beschreibe so genau wie möglich.
___			
___			
___			
___			

Inhalt: Die Schüler lernen den Aufbau und die Funktionsweise einer Kläranlage (hier Filteranlage) kennen.

Methodisch-didaktische Überlegungen: Die Aufbereitung von Brauchwasser so zu gestalten, dass das Wasser wieder dem Wasserkreislauf zugeführt werden kann, ist die wichtigste Aufgabe einer Kläranlage. Den Schülern sollte hier auch bewusst gemacht werden, dass eine Kläranlage nicht alle Verunreinigung aus dem Wasser entfernen kann und daher jeder Mensch in der Verantwortung steht, die wichtige Ressource „Wasser" zu schützen. – Zeitbedarf: 2 Unterrichtsstunden.

Kompetenzen: Naturphänomene erklären und deren Auswirkungen auf die Subsysteme erläutern, Wasserverunreinigung sowie Folgen für die Gesellschaft/Umwelt im gesellschaftlichen Kontext angeleitet beurteilen

Benötigte Materialien/Vorbereitung: 1 Vorlage Versuch (► S. 32) pro Gruppe kopieren, 1 Vorlage Beobachtungen (► S. 33) pro Gruppe kopieren, pro Gruppe: 3 Blumentöpfe mit Loch im Boden, 1 Einmachglas, sauberer Sand und Kies, 1 Kaffeefilter, 3 Eimer mit schmutzigem Wasser (je 1 Eimer verunreinigt mit Kreide, 1 Eimer verunreinigt mit Spülmittel, 1 Eimer mit Pfützenwasser), evtl. Aktivkohle (aus der Zoohandlung), evtl. Mikroskop

Durchführung/Aufgabenstellungen	***Anmerkungen/Tipps***
Einstieg Im Klassensaal wird wiederholt, wo im Haushalt Trinkwasser verbraucht wird. Mit den Schülern wird im Unterrichtsgespräch geklärt, was sie schon über die Aufbereitung von Trinkwasser wissen.	*Klären Sie im Vorfeld, welche Vorstellung die Schüler über Aufbereitungsverfahren haben. Manchmal ist in der Grundschule das Prinzip einer Filteranlage schon besprochen worden, sodass Schüler als Experten fungieren können.*
Erarbeitung Die Klasse wird in Dreier- oder Vierergruppen eingeteilt und jede Gruppe erhält die Kopiervorlagen zum Versuch (► S. 32) und zu den Beobachtungen (► S. 33). Ein Schüler aus jeder Gruppe holt das Material beim Lehrer ab. Dann bauen die Schüler den Versuch eigenständig auf dem Schulhof auf. Obwohl auf dem Arbeitsblatt der Versuchsaufbau beschrieben ist, sollten die Schüler diesen trotzdem noch einmal mit eigenen Worten während der Durchführung auf dem Arbeitsblatt notieren, da diese Vorgehensweise der naturwissenschaftlichen Arbeitsweise entspricht und so diese Arbeitsweise erprobt werden kann.	*Der komplette Versuchsaufbau mit Aktivkohle ist nur dann notwendig, wenn eine abschließende Betrachtung der Wasserproben unter dem Mikroskop geplant ist.* *Sie können auch mehrere arbeitsteilige Gruppen einteilen: Eine Gruppe arbeitet mit nur einem Blumentopf und unterschiedlichen Filtermaterialien, eine zweite benutzt zwei Töpfe und Filter und eine dritte baut den Gesamtversuch auf. Diese Vorgehensweise eignet sich auch zur Differenzierung.*

Präsentation Zurück im Klassensaal werden die Ergebnisse der einzelnen Gruppen präsentiert und miteinander verglichen.	*Als Vergleichsgegenstand können entweder die unterschiedlichen Wasserproben nach dem Filtern herangezogen werden, oder eine Gruppe stellt den Versuch noch einmal im Plenum dar.*
Sicherung Als Versuchsergebnis sollten folgende Aussagen getroffen werden: Das Wasser wird durch die Kies- und Sandschichten sowie den Kaffeefilter von groben Schmutzteilen befreit und beinahe völlig klar. Doch nicht alle Stoffe werden herausgefiltert. Das Spülmittel ist noch immer im Wasser enthalten, genauso wie die Bakterien aus dem Pfützenwasser. Diese werden erst durch die Aktivkohle eliminiert. Dazu muss das Wasser allerdings einige Male den Kohlefilter durchlaufen.	*Sollten Sie mit unterschiedlichen Versuchsaufbauten gearbeitet haben, können die Versuchsergebnisse aufsteigend (ein Blumentopf mit unterschiedlichen Filtermaterialien, zwei Blumentöpfe, Gesamtversucht) vorgestellt werden.*
Reflexion Wenn mit der Klasse das erste Mal ein Versuch durchgeführt wurde, sollte reflektiert werden, wie die Schüler die Gruppenarbeit empfunden haben und wie die einzelnen Schritte der Versuchsdurchführung funktioniert haben.	*Notieren Sie die Reflexionsfragen evtl. an der Tafel.*

Möglichkeiten der Weiterarbeit:

- Wo kann Wasser eingespart werden? – Wassereinsparmöglichkeiten thematisieren
- Wohin mit dem Müll? – Mülltrennung thematisieren
- eine Kläranlage besuchen

Wir bauen eine Kläranlage

Versuchsaufbau:

1. Füllt einen Blumentopf etwa zu einem Drittel mit Kies und einen zweiten zu einem Drittel mit Sand.
2. Stellt den Blumentopf mit Sand nun in den Blumentopf mit Kies.
3. Stellt den dritten Blumentopf auf den Topf mit Sand und legt den Kaffeefilter hinein.
4. Stellt nun die drei ineinandergestapelten Blumentöpfe auf das Einmachglas – der Versuchsaufbau ist fertig.

Durchführung des Versuchs:

Gießt das Schmutzwasser aus der Pfütze vorsichtig in den Filter im ersten Blumentopf und beobachtet, was passiert. Untersucht das Wasser im Einmachglas genau und scheibt eure Ergebnisse auf.

Wiederholt diesen Versuch mit den anderen Schmutzwassern.

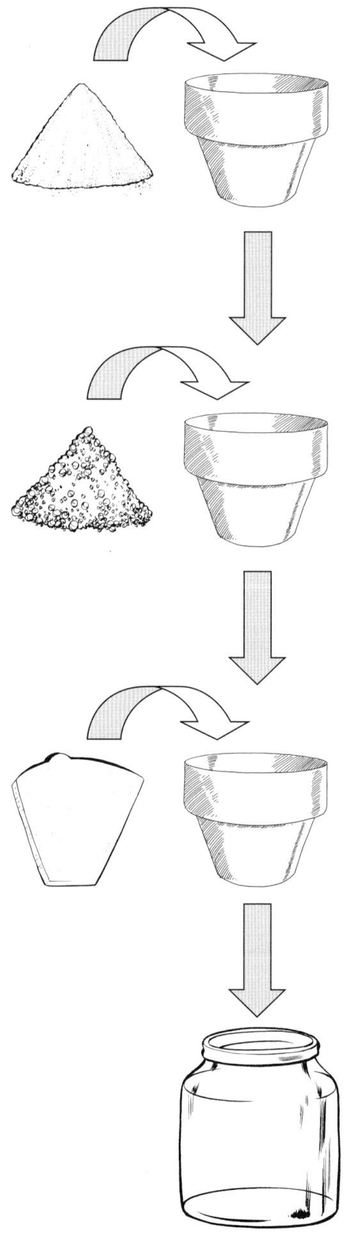

1. Wie habt ihr die Kläranlage gebaut (Versuchsaufbau)?

2. Was genau konntet ihr beobachten (Versuchsbeschreibung)?

3. Wie ist euer Ergebnis zu erklären (Versuchsauswertung)?

Inhalt: Die Schüler erstellen ein Modell des Weltalls mit maßstabsgetreuen Abständen zwischen der Sonne und den Planeten und erhalten so eine bessere Vorstellung der Dimensionen.

Methodisch-didaktische Vorüberlegungen: Unser Sonnensystem ist für Schüler der unteren Jahrgangsstufe besonders interessant. Meist haben sie schon eine gewisse Vorstellung von den einzelnen Planeten und deren Besonderheiten. Schwieriger dagegen ist es, den Kindern die Dimensionen des Sonnensystems zu verdeutlichen. Dies ist das Ziel dieser Unterrichtsidee. – Zeitbedarf: 2 Unterrichtsstunden.

Kompetenzen: räumliche Dimensionen unseres Sonnensystems erfahren, die Entfernung der Planeten in eine andere Darstellungsform übertragen

Benötigte Materialien/Vorbereitung: Kreide, evtl. verkleinerte Modelle der Planeten (Styropor-Bälle o. Ä.), Plakatstreifen, Filzstifte, 1 Arbeitsblatt (▶ S. 36) pro Schüler kopieren, Maßband (Fachbereich Sport)

Durchführung/Aufgabenstellungen	***Anmerkungen/Tipps***
Einstieg Unser Sonnensystem wird im Unterrichtsgespräch thematisiert und die einzelnen Planeten benannt, z. B. mithilfe des folgenden Satzes: **M**ein **V**ater **e**rklärt **m**ir **j**eden **S**onntag **u**nseren **N**achthimmel.	*Achtung: Da Pluto nicht mehr zu den Planeten zählt, hat sich der allseits bekannte Spruch leicht verändert.* *Sie sollten vorab festlegen, welchen Maßstab Sie nutzen wollen. Dies hängt von der Größe Ihres Schulhofes ab. Ein Abstand von 30 m zwischen Erde und Sonne wird nur selten möglich sein.*
Erarbeitung Auf dem Schulhof wird gemeinsam festgelegt, wo die Sonne auf dem Schulhofboden „installiert“ wird. Die Klasse wird in unterschiedliche Planetengruppen eingeteilt und jede Gruppe erhält ihren Planeten als Modell oder einen Planetstreifen mit dem Namen des Planeten. Die Schüler einer Gruppe schätzen gemeinsam, in welchem Abstand ihr Planet von der Sonne entfernt ist, und stellen sich/die Modelle an die entsprechende Stelle. Es macht Sinn, mit der Erde zu beginnt, da die Schüler in der Regel eine relativ klare Vorstellung davon haben, wie weit die Erde von der Sonne entfernt ist. Wie realistisch diese Einschätzung ist, wird sich im Verlauf der Aufstellung erweisen.	Entscheiden Sie sich im Vorfeld, ob Sie die Klasse aufstellen lassen wollen oder ob Sie auf Modelle zurückgreifen wollen. Das Aufstellen der Schüler ist für den Einzelnen nachhaltiger, birgt aber die Gefahr, dass der Gesamtüberblick verloren geht. Mit manchen Klassen ist es möglich, die Abstände der Planeten zur Erde berechnen zu lassen, wenn die Distanz der Sonne zur Erde vorab festgelegt wird.

Falls die Schüler sich als Planeten in das Sonnensystem gestellt haben, sollten sie die geschätzten Positionen der einzelnen Planeten nun mit Kreide markieren. So können die Diskrepanzen zwischen Schätzung und Realität besser visualisiert und besprochen werden.	
Präsentation Nachdem alle Schüler ihre Einschätzung markiert haben, wird das Arbeitsblatt (► S. 36) verteilt und anhand der Werte werden die tatsächlichen Standpunkte der Planeten ermittelt.	*Messen Sie ggf. mit einem Maßband nach.*
Reflexion Folgende Fragen bieten sich zu einer angeleiteten Reflexion an: • Wie gut konntet ihr euch auf die von euch gewählte Entfernung einigen? • Wie weit lagen eure Schätzungen und die reale Entfernung voneinander entfernt? • Welche Entfernung hat dich bei der Aufstellung der Planeten am meisten überrascht?	*Notieren Sie die Reflexionsfragen evtl. an der Tafel.*

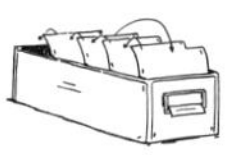

Möglichkeiten der Weiterarbeit:

- Stellung der Erdachse thematisieren
- Entstehung der Jahreszeiten recherchieren und besprechen
- Tag und Nacht vergleichen

Unser Sonnensystem

Abstände zwischen der Sonne und den einzelnen Planeten (Maßstab Spalte 1 = 1 : 149.600.000.000, Maßstab Spalte 2 = 1 : 74.800.000.000 usw.):

Abstand Sonne/Merkur	0,387 m	0,77 m	1,93 m	3,87 m	7,74 m	11,61 m
Abstand Sonne/Venus	0,723 m	1,446 m	3,615 m	7,23 m	14,46 m	21,69 m
Abstand Sonne/Erde	1 m	2 m	5 m	10 m	20 m	30 m
Abstand Sonne/Mars	1,52 m	3,04 m	7,6 m	15,20 m	30,40 m	45,60 m
Abstand Sonne/Jupiter	5,2 m	10,40 m	26 m	52 m	104 m	156 m
Abstand Sonne/Saturn	9,54 m	19,08 m	47,70 m	95,40 m	190,80 m	286,2 m
Abstand Sonne/Uranus	19,2 m	38,40 m	96 m	192 m	384 m	576 m
Abstand Sonne/Neptun	30 m	60 m	150 m	300 m	600 m	900 m

Planeten © blueringmedia – Fotolia.com

Inhalt: Die Schüler zeichnen ihren Schulweg aus dem Kopf auf, gehen ihn anschließend als Hausaufgabe noch einmal ab und vergleichen diesen Weg abschließend mit ihrer ursprünglichen Zeichnung.

Methodisch-didaktische Überlegungen: Jeder Mensch nimmt die Wirklichkeit anders wahr. Um dies zu verdeutlichen, sollen die Schüler ihren Schulweg zuerst aus dem Kopf aufzeichnen und anschließend nach einem bewussten Ablaufen noch einmal zeichnen. Interessant hierbei ist, dass Schüler mit einem ähnlichen Schulweg diesen verschieden wahrnehmen können. – Zeitbedarf: 2 Unterrichtsstunden (projektbezogen).

Kompetenzen: einfache Skizzen von bekannten Räumen anfertigen und deuten, sich in der engeren Schulumgebung orientieren, sich bewusst werden, dass die eigene Wahrnehmung subjektiv ist

Benötigte Materialien/Vorbereitung: 1 DIN-A3-Blatt pro Schüler, Tapetenrolle, Bleistifte, Filzstifte, evtl. Tesa

Durchführung/Aufgabenstellungen	*Anmerkungen/Tipps*
Einstieg Als Hausaufgabe haben die Schüler den Auftrag erhalten, ihren Schulweg „bewusst" abzugehen und genau darauf zu achten, was sie wahrnehmen. Die Schüler erhalten nun folgende Aufgabe: Zeichnet euren Schulweg aus dem Kopf auf ein DIN-A3-Blatt auf, beginnt bei der Schule. Die Schüler sollen alles aufzeichnen, was ihnen aus der Erinnerung einfällt, z. B. Gebäude, Grünanlagen, Ampeln usw. Zudem sollen sie wichtige Einzelheiten beschriften. Auch Straßennamen können, wenn bekannt, aufgeschrieben werden.	*Falls Sie einen Weg vor der Beschreibung gemeinsam mit der Klasse abgehen wollen, können Sie auch ein markantes Gebäude (z. B. das Schwimmbad) wählen. Es eignen sich jedoch auch Schulwege, die mit dem Bus oder der Bahn zurückgelegt werden.*
Erarbeitung Die Schüler zeichnen in Kleingruppen (max. vier Schüler) auf dem Schulhof mit Bleistift auf ein Stück Tapetenrolle auf. Zu Beginn sollte in die Mitte die Schule (als Ausgangspunkt für alle) gezeichnet werden. Im Anschluss sollen sich die Schüler mit ihrer Kleingruppe austauschen, ihren Schulweg verbalisieren und eventuelle Unterschiede in der Wahrnehmung klären. Mögliche Änderungen können eingezeichnet werden. Der „endgültige" Weg sollte dann mit einem Filzstift nachgezeichnet werden.	*Breiten Sie Tapetenrollen auf dem Schulhof aus und legen Sie Blei- und Filzstifte dazu. Es bietet sich an, dass die Schüler pro Kleingruppe an einem Tapetenstück arbeiten (evtl. auch mehrere zusammenkleben).* *Bei der Gruppeneinteilung kann es sinnvoll sein, dass sich Schüler zusammenfinden, die einen ähnlichen Schulweg haben, sodass beim Vergleich untereinander Unterschiede bzw. die subjektive Wahrnehmung deutlich werden.*

	Das „bewusstere“ Abgehen des Schulweges kann auch nach der Schule bzw. am nächsten Morgen geschehen, wenn die Schüler nach Hause bzw. in die Schule gehen.
Präsentation und Reflexion Die einzelnen Gruppen präsentieren ihre Zeichnungen der Lerngruppe und reflektieren ihren Lernprozess anhand folgender Leitfragen: • Was ist euch beim Vergleich eurer ersten Zeichnung mit der Zeichnung auf dem Pausenhof aufgefallen? • Gab es Diskussionen in der Gruppe? • Wie erklärt ihr euch die Unterschiede?	*Erst die Reflexion dieses Vorgehens ermöglicht eine Erkenntnis bei den Schülern und führt dazu, dass diese Erkenntnis auch auf andere Sachverhalte übertragen werden kann.* *Notieren Sie die Reflexionsfragen evtl. an der Tafel.*
Sicherung Abschließend werden die Ergebnisse und Erfahrungen zusammengefasst. Dabei kann auch besprochen werden, ob den Schülern weitere Beispiele aus ihrem Alltag einfallen, an denen eine subjektive Wahrnehmung deutlich wird.	

Möglichkeiten der Weiterarbeit:

- mithilfe von Fotos von Häusern, Einrichtungen, Parkanlagen usw. eine Karte der Schulumgebung erstellen
- Straßenüberquerungen, Ampeln, Zebrastreifen usw. auf der Karte markieren
- die Skizzen mit einem Stadtplan vergleichen, Schulwege auf einem Stadtplan einzeichnen und in der Klasse aufhängen

Inhalt: Die Schüler entwickeln kontinuierlich ihre Raumvorstellung weiter, indem sie aus der dreidimensionalen Wirklichkeit anhand eines plastischen Modells eine abstrakte zweidimensionale Kartenskizze entwickeln.

Methodisch-didaktische Überlegungen: Der Wechsel von der Wirklichkeit zur Karte ist für die meisten Schüler sehr abstrakt und schwer vorstellbar. Durch das schrittweise Heranführen werden der Perspektivwechsel sowie die Reduktion auf wesentliche Gestaltungsmerkmale veranschaulicht und nachvollziehbar. Da die Stunde auf dem Pausenhof ausgeführt wird, ist der Lerngegenstand stets sichtbar und zugänglich und die Schüler setzen sich aktiv damit auseinander.

Durch die Arbeit in Kleingruppen kommunizieren und diskutieren die Schüler miteinander, um sich schließlich zu einigen – und sich damit aktiv mit dem Lerngegenstand auseinanderzusetzen. – Zeitbedarf: 2 Unterrichtsstunden.

Kompetenzen: räumliches Vorstellungsvermögen weiterentwickeln, den Übergang von einer dreidimensionalen Wirklichkeit in eine zweidimensionale Darstellung (Karte) nachvollziehen

Benötigte Materialien/Vorbereitung: Sandkasten/alternativ Sprunggrube oder pro Gruppe 1 Kiste (z. B. Wäschewanne o. Ä.) mit Sand (Letzteres ist von Vorteil, wenn in Kleingruppen gearbeitet wird), Materialien für das Modell (Bauklötze, Wolle, Stöcke, Tannenzapfen, Steine usw.), Digitalkamera, Laptop, Beamer, Lineale, DIN-A3-Blatt

Durchführung/Aufgabenstellungen	***Anmerkungen/Tipps***
Einstieg Die Schüler fertigen in Kleingruppen auf dem Pausenhof eine Lageskizze des Schulhofes an. Sie sollen alle wichtigen Gegebenheiten sowie die Größenverhältnisse so gut wie möglich beachten. Die Skizzen sollen sie anschließend einnorden.	
Erarbeitung Nun soll der Übertrag von der Skizze auf das Modell erfolgen. Die Kleingruppen sollen sich dafür an einem Sandkasten/einer Sprunggrube zusammenfinden. Wenn diese nicht vorhanden sind, können Kisten für die einzelnen Gruppen mit Sand gefüllt und bereitgestellt werden. Die Schüler sammeln geeignetes Material (Stöcke, Steine usw.), es sollte aber auch schon Material bereitstehen (Bauklötze usw.). Nun sollen sie ihre Lageskizze in ein Modell im Sand übertragen und auch hierbei Größenverhältnisse beachten. Abschließend wird das Modell in der „Draufsicht" fotografiert.	*Die Kisten haben den Vorteil, dass man sie bei Zeitmangel auch mit in den Klassensaal nehmen kann, um später daran weiterzuarbeiten. Zudem kann so jede Gruppe ungestört arbeiten.*

Präsentation Die Schüler präsentieren ihre Modelle im Klassensaal. Dies kann entweder mit den Sandkisten oder anhand der Fotos geschehen. Unterschiede/Gemeinsamkeiten werden besprochen.	*Um die Gruppen miteinander über ihre Modelle ins Gespräch kommen zu lassen, bietet sich z. B. die Methode des „Museumsrundgangs“ an, bei der die Gruppen ihre Modelle ausstellen. An jedem Modell kann z. B. ein Schüler als „Experte“ das Modell näher erläutern. Die restlichen Mitglieder der Gruppen informieren sich über die Modelle der anderen Gruppen.*
Sicherung Wenn nicht bereits geschehen, werden die „Draufsichten“ der Modelle anschließend als Fotos auf die Tafel/Wand projiziert. Auf Grundlage dieser Fotos fertigt nun jede Gruppe eine Karte des Schulhofes an. Zudem kann eine passende Legende erstellt und Gebäude beschriftet werden. Die Himmelsrichtungen werden eingetragen. Diese Karte wird nun als gemeinsames Ergebnis für jeden Schüler kopiert.	*An dieser Stelle benötigen Sie einen Laptop und einen Beamer.* *Die Karten sollten mit Lineal gezeichnet werden. Als Hilfestellung kann ein DIN-A3-Blatt an der Tafel befestigt werden.*
Reflexion Folgende Fragen bieten sich zu einer angeleiteten Reflexion an: • Wie lief eure Gruppenarbeit, gab es Diskussionen, seid ihr euch schnell einig geworden? • Welche Unterschiede fallen euch bei den verschiedenen Darstellungsweisen auf? • Fasst in eigenen Worten zusammen, wie man von der Wirklichkeit zu einer Karte kommt.	*Notieren Sie die Reflexionsfragen evtl. an der Tafel.*

Möglichkeiten der Weiterarbeit:

- Rallye auf dem Pausenhof mithilfe der erstellten Karte durchführen
- mit der Karte als Grundlage eine Umfrage durchführen, in der es z. B. darum geht, wo es den Schülern am besten gefällt, wo ein neues Spielgerät platziert werden soll o. Ä., die genannten Stellen mit Klebepunkten markieren
- Schulumgebung auf ähnliche Weise kartieren

Inhalt: Die Schüler lernen anhand der Darstellung des Gradnetzes mit Seilen die Längen- und Breitengrade kennen.

Methodisch-didaktische Überlegungen: Das Konzept der Längen- und Breitengrade ist für einige Schüler in dieser Altersgruppe oft noch recht abstrakt. Zwar kennen sie Rasterspiele, z. B. „Schiffe versenken", aber gerade dies erschwert das Verständnis für die Längen- und Breitengrade, da hier immer nach dem Quadrat gefragt wird, bei den Koordinaten des Gradnetzes allerdings die Knotenpunkte gefragt sind. Daher sollen die Schüler sich bei dieser Unterrichtsidee mit dem Gradnetz auseinandersetzen. – Zeitbedarf: 2 Unterrichtsstunden.

Kompetenzen: das Gradnetz der Erde als Orientierungsraster kennenlernen, die Lage eines Ortes in Beziehung zu den Längen- und Breitengraden setzen

Benötigte Materialien/Vorbereitung: Kreide, ca. 20 Seile, rote Pappkreise (für Pole), Kartonstreifen (für Wende- und Polarkreise), Atlas

Durchführung/Aufgabenstellungen	***Anmerkungen/Tipps***
Einstieg Die Schüler zeichnen in Einzelarbeit auf einem Blatt Papier eine erste Skizze des Gradnetzes; hierbei sollen sie sich an ihrem Vorwissen/der bisherigen Vorarbeit zum Thema Gradnetz orientieren. Ihr Ergebnis besprechen sie daraufhin mit ihrem Nachbarn. Gibt es Unterschiede zwischen den Darstellungen?	*Die „Karte im Kopf" ermöglicht Ihnen die Evaluation der Schülervorstellungen.*
Erarbeitung Auf dem Pausenhof malt der Lehrer gemeinsam mit den Schülern einen großen Kreis auf. Dieser soll die Erde darstellen. Mit einem farbigen Seil wird der Äquator in den Kreis gelegt. Ausgehend vom Äquator werden nun die wichtigsten Breitengrade bestimmt und mit Seilen gelegt. Danach markieren die Schüler die Pole (Pappscheiben) und benennen die Wende- und Polarkreise (Kartonstreifen). Im Anschluss daran werden einige Längengrade ebenfalls mit Seilen gelegt. Ggf. kann nun ausgehend von Greenwich und dem Nullmeridian die Heimatgemeinde verortet werden.	*Messen Sie vor dem Aufzeichnen der „Erde" die Seile aus, damit Äquator und Längengrade nicht aus vorgeknoteten Seilen gelegt werden müssen.* *Je größer der Erdkreis, desto nachhaltiger ist am Ende das Ergebnis.* *Achten Sie beim Legen darauf, dass auf der Nord- und Südhalbkugel gleich viele Seile ausgelegt werden. Nur so kann man später auf die Erkenntnis kommen, warum es 180 Breiten-, aber 360 Längengrade gibt.* *Die Darstellung der Breitenkreise wird aufgrund der Parallelität deutlich einfacher sein als die der Längengrade.*

	An einem windigen Tag empfiehlt es sich, statt der Kartonstreifen die zu markierenden Punkte mit Kreide auf den Schulhof zu schreiben.
Vertiefung In unmittelbarer Nähe wird ein zweiter Kreis aufgezeichnet; auch auf diesen Kreis werden die Längen- und Breitengrade mit Seilen auslegen. Dieser zweite Kreis repräsentiert die „Rückseite“ der Erde. Nun wird bestimmt, mit welchem Längengrad die erste Erdkugel „endet“ und die zweite „beginnt“. Im Atlas können die Schüler danach weitere Städte suchen, die auf demselben Längen- bzw. Breitengrad liegen wie ihre Heimatgemeinde. Dafür wird die Klasse in drei oder mehr Gruppen eingeteilt. Die erste Gruppe beschäftigt sich mit der zweiten Halbkugel, die zweite Gruppe sucht im Atlas die Orte, die auf demselben Längengrad liegen. Vorab sollte klargestellt werden, dass die Bezeichnung des Längengrades auf der „Erdrückseite“ anders lautet. Die dritte Gruppe sucht Orte, die auf demselben Breitengrad liegen. Diese Aufgabe ist etwas weniger anspruchsvoll, sodass eine Leistungsdifferenzierung möglich ist. Diese Städte werden ebenfalls im aufgelegten Gradnetz verortet.	*Achten Sie auch hier beim Legen darauf, dass auf der Nord- und Südhalbkugel gleich viele Seile ausgelegt werden.* *Sie können statt einer zweiten Erdhälfte die Erdkugel ähnlich wie im Atlas um jeweils die Hälfte nach Osten und Westen elliptisch erweitern.*
Reflexion Folgende Fragen bieten sich zu einer angeleiteten Reflexion an: • Wie seid ihr beim Legen der Längen- und Breitengrade vorgegangen? • Welche Schwierigkeiten hattet ihr bei der Zuordnung der Wende- und Polarkreise? • Was fällt euch auf, wenn ihr die von euch gelegten Orte auf der Süd- und auf der Nordhalbkugel vergleicht? • Könntet ihr dem Gradnetz auch Klimazonen zuordnen?	*Notieren Sie die Reflexionsfragen evtl. an der Tafel.*

Möglichkeiten der Weiterarbeit:

- Klimazonen und/oder Zeitzonen thematisieren; hierzu können die im Gradnetz markierten Städte herangezogen werden.
- Land- und Wasserverteilung auf der Erde thematisieren
- Lebensweisen in unterschiedlichen Klimazonen thematisieren

Inhalt: Die Schüler ordnen spielerisch die Lage der verschiedenen Klimazonen zu.

Methodisch-didaktische Überlegungen: Bei dieser Unterrichtsidee geht es darum, schon erworbenes Wissen über die verschiedenen Klimazonen mithilfe von Bewegung spielerisch zu festigen und einen vertiefenden Einblick in die Lage der verschiedenen Klimazonen zu bekommen. – Zeitbedarf: 2 Unterrichtsstunden.

Kompetenzen: zu einer einfachen Skizze relevante Aussagen zu den einzelnen Klimazonen machen

Benötigte Materialien/Vorbereitung: Kartonstreifen, Beispielkarten (▶ S. 45–46) kopieren und ausschneiden (Lösungen S. 68), Kreide, Punkteliste (▶ S. 44) kopieren, evtl. Steine

Durchführung/Aufgabenstellungen	*Anmerkungen/Tipps*
Einstieg	
Die Schüler schreiben im Klassensaal die wichtigsten Stichworte zu einer Klimazone auf Kartonstreifen. Zu jeder Klimazone sollten gleich viele Kartonstreifen mit Stichworten vorhanden sein. Alternativ können die Beispielkarten (▶ S. 45–46) verwendet werden. Auf dem Schulhof wird eine Erdhalbkugel (Durchmesser = 2 m) inklusive der wichtigsten Breitengrade (Äquator, Wende- und Polarkreise) mit Kreide auf den Boden gemalt.	*Es ist Ihnen überlassen, ob Sie diesen Arbeitsschritt in Kleingruppen- oder Einzelarbeit gestalten möchten.* *Legen Sie vorab fest, welche Informationen (geografische Lage/Vegetation/Tierwelt/größte Städte/Länder usw.) Ihre Schüler notieren sollen.*
Erarbeitung	
Es werden mehrere Teams gebildet, die gegeneinander antreten. Die im Klassensaal erarbeiteten Karten werden verdeckt auf einem Stapel ausgelegt. Ein Spieler des ersten Teams läuft zum Kartenstapel und zieht eine Karte. Er entscheidet, wo an der Erdhalbkugel er die Karte hinlegen möchte. Das nächste Team berät diesen Entschluss und hat dann die Möglichkeit, die Entscheidung anzuzweifeln. War die Lösung des ersten Spielers richtig, so bekommt dessen Team einen Punkt; war sie falsch und das zweite Team hat dies richtig erkannt, so bekommt dieses Team einen Punkt. Hat das zweite Team eine richtige Entscheidung falsch beurteilt, wird ein Punkt abgezogen. Das Ergebnis wird in der Punkteliste (▶ S. 44) festgehalten. Nun ist ein Spieler des zweiten Teams dran und das dritte Team überprüft seine Zuordnung. Das Spiel wird so lange fortgesetzt, bis alle Karten verbraucht sind.	*Damit die Karten nicht wegfliegen, können Steine daraufgelegt werden.* *Man kann das Spiel auch als direkten Wettkampf zwischen nur zwei Gruppen gestalten, dazu benötigt man alle Karten doppelt sowie zwei Kreidekreise. Die Mannschaft, die zuerst alle Karten richtig ausgelegt hat, hat gewonnen.*

Reflexion	
Folgende Fragen bieten sich zu einer angeleiteten Reflexion an: • Wie hat dir das Spiel gefallen? • Bei welcher Karte/welchen Karten fandet ihr es besonders schwer, diese richtig zuzuordnen? Warum? • Habt ihr nach diesem Spiel weitere Ideen für Karten?	*Notieren Sie die Reflexionsfragen evtl. an der Tafel.*

Möglichkeiten der Weiterarbeit:

- Unterschiede der Lebensweisen in verschiedenen Klimazonen herausarbeiten
- Klimadiagramme zu den einzelnen Klimazonen erstellen/lesen
- Bilder aus verschiedenen Klimazonen analysieren

PUNKTELISTE

Team	richtig zugeordnet (+1 Punkt)	richtig angezweifelt (+1 Punkt)	falsch angezweifelt (–1 Punkt)	Gesamt-punkte
A				
B				
C				
D				
E				
F				

Polare Zone
Subpolare Zone
Gemäßigte Zone
Subtropische Zone
Tropische Zone
Pinguin
Grizzlybär
Reh
Känguru
Anakonda
Eisbär
Rentier
Wildschwein
Koalabär
Tukan

Hahnenfußgewächse
Zwergsträucher
Apfelbäume
Zitrusfrüchte
Affenbrotbäume
Kaum Vegetation
Moose und Flechten
Eichen
Lorbeer
Palmen
Polartag / Polarnacht
Polartag / Polarnacht
Jahreszeitenklima
Tageszeitenklima
Jahreszeitenklima

Inhalt: Die Schüler erstellen auf dem Schulhof eine topografische Karte Europas, auf der geografische Gegebenheiten wie Flüsse und Gebirge sowie die Hauptstädte mit Seilen, Pylonen o. Ä. dargestellt werden.

Methodisch-didaktische Überlegungen: Durch das selbstständige Recherchieren im Atlas und das Übertragen auf die Karte bzw. den Schulhof mithilfe von Materialien sollen Größenverhältnisse und die geografische Lage von Gebirgen, Flüssen, Grenzen und Hauptstädten veranschaulicht werden. Die Schüler sollen durch die Arbeit in Gruppen in Kommunikation miteinander treten und sich gemeinsam auf das Material und die richtige Lage einigen. Auf diese Weise erhalten sie in aktiver Auseinandersetzung mit der Thematik einen guten Gesamtüberblick. – Zeitbedarf: 2 Unterrichtsstunden.

Kompetenzen: das topografische Wissen erweitern, mit dem Atlas arbeiten, das räumliche Vorstellungsvermögen schulen

Benötigte Materialien/Vorbereitung: Atlas, 1 Arbeitsblatt pro Schüler (► S. 49) kopieren, Kreide, eine Auswahl an Materialien (Seile, Pylonen (aus der Turnhalle), Pappkreise in verschiedenen Größen usw.), 10 Pappschilder pro Gruppe, mit Kreide eine Europakarte auf den Pausenhof zeichnen, Filzstifte

Durchführung/Aufgabenstellungen	*Anmerkungen/Tipps*
Einstieg Der Lehrer gibt die Aufgabe/das Ziel der Stunde bekannt. Anschließend sollen die Schüler in Einzelarbeit aus dem Atlas zehn Hauptstädte/die zehn längsten Flüsse sowie die zehn größten Gebirge Europas heraussuchen und auf das Arbeitsblatt (► S. 49) übertragen. Entweder tragen die Schüler die Informationen in die Tabelle ein oder sie zeichnen in die Karte.	*In Bezug auf die Hauptstädte ist es sinnvoll, eine Eingrenzung auf „größere“ Länder vorzunehmen, damit die Darstellung auf der Karte nicht zu unübersichtlich wird.* *Legen Sie für die Kategorien Farben fest (z. B. Gebirge = braun, Flüsse = blau, Städte = rot).*
Erarbeitung Auf dem Schulhof werden die Schüler nun in Gruppen nach den Themen „Flüsse“, „Gebirge“ und „Hauptstädte“ eingeteilt und sollen für ihr Thema passendes Material suchen, mit dem die jeweiligen geografischen Gegebenheiten auf dem Pausenhof passend dargestellt werden können. Diese soll für die Präsentation an die richtige Stelle in der großen Europa-Karte gelegt werden. Zur besseren Übersicht gestaltet jede Gruppe Pappschilder für ihre geografischen Gegebenheiten, auf denen der Name und weitere Angaben (z. B. Länge des Flusses, Einwohnerzahl der Stadt oder höchster Punkt des Gebirges) aufgeführt sind.	*Die Gruppeneinteilung kann z. B. durch Losen erfolgen (Symbole für Gebirge/Fluss/Stadt).* *Während die Schüler Material suchen, können Sie die Europakarte mit Kreide auf den Schulhof zeichnen.* *Es ist sinnvoll, an dieser Stelle geeignetes Material (wie Pylonen, Seile o. Ä.) bereitzustellen.*

	Sie sollten die Schüler darauf hinweisen, dass sie bei der Auswahl der Materialien möglichst auf die Größenverhältnisse achten sollen. *Die Schüler sollten ihre Arbeitsblätter sowie einen Atlas mit auf den Hof nehmen.*
Präsentation Für die Präsentation wurde ein möglichst großer Europa-Umriss auf den Schulhof gezeichnet und die Himmelsrichtungen wurden dazugeschrieben. Die einzelnen Gruppen platzieren so genau wie möglich ihr Material mit den dazugehörigen Schildern auf der Karte. Anschließend wird die Karte gemeinsam betrachtet und Korrekturen werden vorgenommen. Zusätzlich können zur besseren Orientierung und Überprüfung die Ländergrenzen in die Karte eingefügt werden. Abschließend vergleichen die Schüler die Ergebnisse mit ihren anfänglichen Überlegungen auf dem Arbeitsblatt.	*Evtl. können an dieser Stelle Planquadrate helfen.* *Eine völlige Exaktheit der Ergebnisse (in Bezug auf die Lage und Größenverhältnisse) ist nicht möglich.*
Sicherung Wenn alle geografischen Gegebenheiten an ihrem richtigen Ort in der Karte sind, wird das Gesamtergebnis fotografiert und das Foto im Klassenraum aufgehängt.	
Reflexion Folgende Fragen bieten sich zu einer angeleiteten Reflexion an: • Wie lief die Zusammenarbeit in der Gruppe? Was war einfach/schwer für euch? • Was lässt sich mithilfe des Materials darstellen, was nicht? • Was fällt euch auf, wenn ihr die Karte abschließend betrachtet? • Was könnte man noch auf der Karte darstellen?	*Notieren Sie die Reflexionsfragen evtl. an der Tafel.*

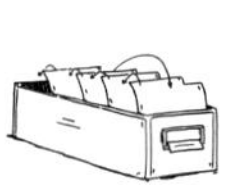

Möglichkeiten der Weiterarbeit:

- durch „Aufstellspiele“ Erkenntnisse festigen (dafür nimmt sich jeweils ein Schüler ein Schild): Alle Flüsse stellen sich der Größe nach auf. Alle Hauptstädte stellen sich von Norden nach Süden auf. Usw.
- auf andere Räume übertragen: die Welt, Deutschland, ein Bundesland o. Ä.

Die Topografie Europas

Fluss	Länge

Gebirge	Höhe

Hauptstadt	Einwohner-zahl

Europakarte © Tanja Bagusat – Fotolia.com

Inhalt: Die Schüler setzen sich spielerisch (ähnlich dem Spiel „Stadt, Land, Fluss") mit den Ländern Europas auseinander.

Methodisch-didaktische Überlegungen: Das Thema Europa ist auf vielfältige Weise für die Schüler präsent: Sie fahren in andere Länder Europas in den Urlaub, vielleicht haben einige Schüler ihre Wurzeln in anderen Ländern, es gibt Lebensmittel aus verschiedensten Ländern usw. In der vorliegenden Unterrichtsidee setzen sich die Schüler spielerisch und aktiv auf dem Schulhof mit den Ländern Europas und deren Besonderheiten/Eigenschaften auseinander. Dabei bietet sich die Stunde sowohl als Einstieg in eine Europa-Einheit an (im Sinne einer Lernstandserhebung), sie eignet sich aber auch zur Übung oder als Abschluss einer solchen Einheit. – Zeitbedarf: 2 Unterrichtsstunden.

Kompetenzen: gesichertes Grundwissen über die Länder Europas, deren Bewohner und Gegebenheiten gewinnen

Benötigte Materialien/Vorbereitung: Kreide, Länderkarten (▶ S. 53) kopieren und ausschneiden, Kreisel (▶ S. 52) kopieren, ausschneiden und bauen, Holzstab/kurzer Bleistift für den Kreisel, stabile Pappe, Schere, Kleber, Fühlsack, evtl. Steine

Durchführung/Aufgabenstellungen	***Anmerkungen/Tipps***
Einstieg Vorbereitend werden die Namen der Länder Europas mit Kreide, verteilt auf den gesamten Schulhof, aufgeschrieben. Hierbei können auch Klettergerüste, Treppen usw. einbezogen werden. Die Länderkärtchen (▶ S. 53; hier kann eine Auswahl vorgenommen werden) kommen in einen Fühlsack. Die Schüler werden nun in Gruppen (oder Paare) eingeteilt, die gegeneinander spielen.	*Bei den Länderkarten sind nicht alle Länder aufgeführt. Überlegen Sie sich daher, welche Länder Ihnen wichtig sind. Auch beim Kreisel können Kategorien ergänzt oder weggelassen (abgeklebt) werden.*
Erarbeitung Ein Schüler zieht jeweils eine Länderkarte aus dem Fühlsack und dreht den Kreisel (▶ S. 52), um eine Kategorie auszuwählen. Diese wird laut vorgelesen. Jetzt stehen Land und Kategorie fest. Die Gruppen sollen sich nun beraten und so schnell wie möglich eine Antwort passend zur Kategorie und zum Land auf einen Zettel aufschreiben. Ein Mitglied der Gruppe rennt anschließend mit diesem Zettel zum richtigen Land und legt den Zettel dort ab. Nun erfolgt die Punkteverteilung, die vom Lehrer notiert wird: Für die erste richtige Antwort gibt es vier Punkte, für die zweite drei Punkte usw. Bei einer falschen Antwort gibt es keinen Punkt.	*Damit die Karten nicht wegfliegen, können Steine daraufgelegt werden.* *Das Ende des Spiels kann durch das Stundenende oder eine bestimmte Anzahl an erreichten Punkte vorgegeben sein oder nach einer bestimmten Spielzeit erfolgen.*

Sicherung und Reflexion Diese Phase kann genutzt werden, um den Lernstand zusammenzufassen oder auch festzulegen, was in der nun folgenden Einheit vertiefend bearbeitet werden soll. So kann sich der Lehrer am Interesse der Schüler orientieren. Folgende Fragen bieten sich zu einer angeleiteten Reflexion an: • Wie hat euch das Spiel gefallen? Warum? • Welche Fragen fielen euch leichter/schwerer? • Mit welchen Ländern kennt ihr euch besser/weniger gut aus? • Welche Kategorie findet ihr besonders interessant? • Mit welcher Kategorie/welchem Land würdet ihr euch gerne näher beschäftigen?	*Notieren Sie die Reflexionsfragen evtl. an der Tafel.*

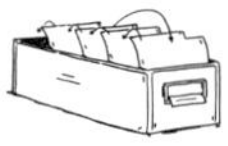

Möglichkeiten der Weiterarbeit:

- Länder-Steckbriefe erstellen (hierfür Zettel, die bei den Ländern auf dem Schulhof liegen, einsammeln und aufheben)
- Hauptstädte thematisieren
- natürliche und künstliche Grenzen thematisieren

Bau eines Kreisels

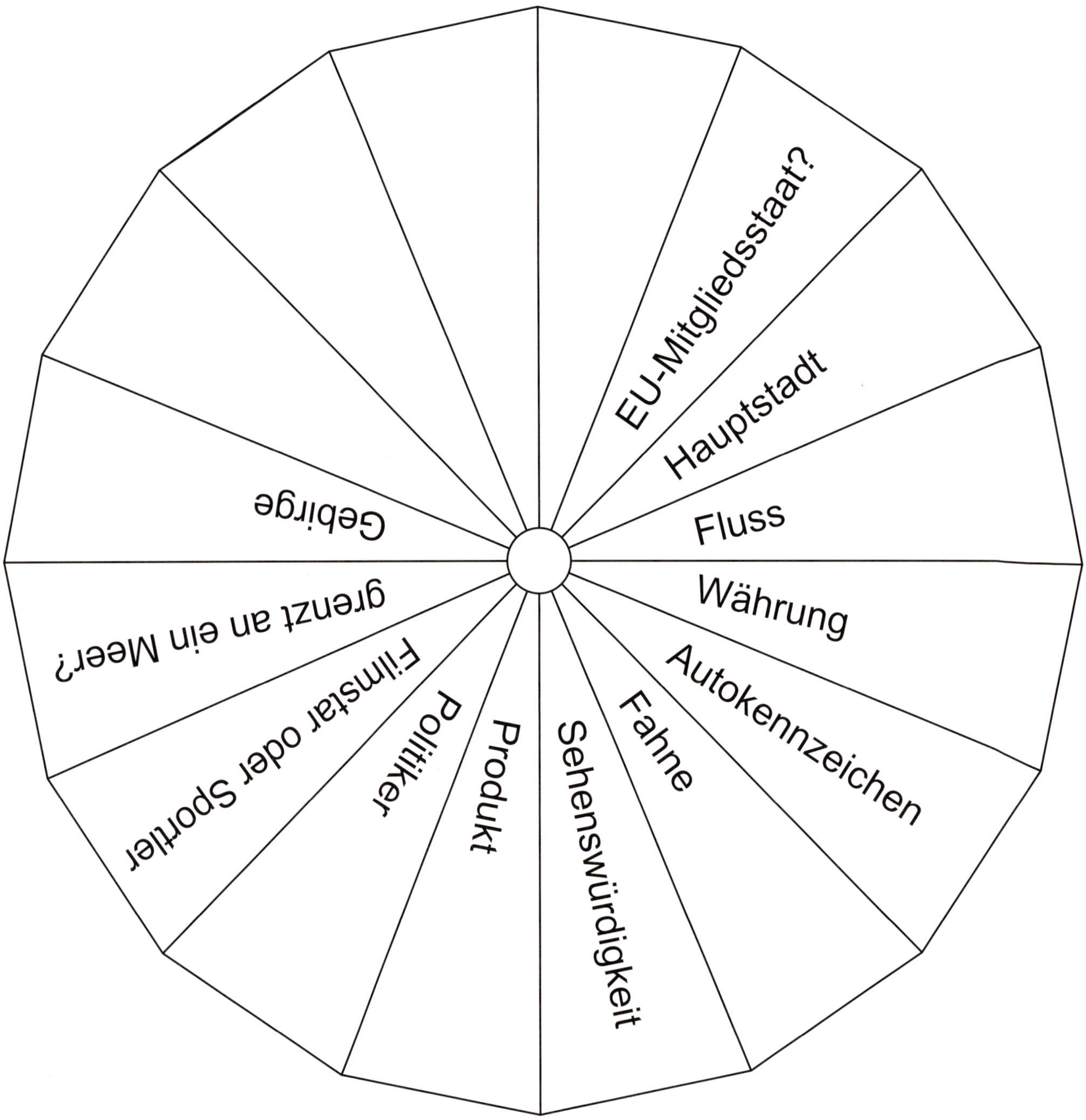

1. Kreisel auf stabile Pappe kleben und ausschneiden.
2. Jede Fläche vor dem Ausschneiden in einer anderen Farbe anmalen.
3. Durch die Mitte des Kreisels einen Bleistift stecken.

Österreich	Spanien
Belgien	Finnland
Bulgarien	Frankreich
Schweiz	Griechenland
Liechtenstein	Polen
Ungarn	Portugal
Irland	Rumänien
Island	Serbien
Italien	Großbritannien
Kroatien	Schweden
Tschechien	Malta
Zypern	Lettland
Deutschland	Niederlande
Dänemark	Slowenien
Luxemburg	Slowakei
Estland	Norwegen
Türkei	Ukraine

Inhalt: Die Schüler beschäftigen sich mit dem Wasserverbrauch in ihrer Schule, sie erkennen die Notwendigkeit der jeweiligen Wasserentnahme und nennen Einsparmöglichkeiten.

Methodisch-didaktische Überlegungen: Mit dem handlungsorientierten Vorgehen üben die Schüler das Erfragen von Informationen und das Eintragen auf eine Karte; zum anderen lernen sie durch die Erkundung die (neue) Schule kennen. – Zeitbedarf: 4 Unterrichtsstunden.

Kompetenzen: topografische Skizzen und einfache Karten anfertigen

Benötigte Materialien/Vorbereitung: 1 DIN-A3-Kopie des Schulgeländes mit sämtlichen Gebäudeteilen pro Schüler kopieren, 1 Erkundungsbogen (► S. 56) pro Gruppe kopieren, 1 Plakat pro Gruppe, Filzstifte, evtl. Overheadfolie, evtl. Overheadprojektor, Plakatstreifen, Tesa

Durchführung/Aufgabenstellungen	***Anmerkungen/Tipps***
Einstieg	
Jeder Schüler trägt in eine Kopie des Schulgeländes den Klassensaal ein und nordet die Karte. Nun teilt der Lehrer die Klasse in Vierergruppen ein. Gemeinsam wird festgelegt, welche Gruppen welchen Gebäudetrakt untersuchen. Dabei sollten auch Außenbereiche wie der Sportplatz oder der Schulgarten berücksichtigt werden. Die Gruppen zeichnen ihren Bereich in der Kopie des Schulgeländes ein. Nun teilt der Lehrer das Ziel der Unterrichtsidee mit: Es geht darum, in der Schule Wassereinsparmöglichkeiten zu finden. Abschließend verteilt er den Erkundungsbogen (► S. 56).	*Im Internet findet man zahlreiche Seiten zum Thema „Wasser sparen in der Schule“.* *Weisen Sie darauf hin, dass der normale Schulbetrieb nicht gestört werden soll.* *Geben Sie vor Verlassen des Klassensaals an, wann die Schüler wieder im Klassensaal eintreffen sollen. Eine ca. 30-minütige Erkundungszeit ist ausreichend.*
Erarbeitung	
Die Kleingruppen gehen die verschiedenen Bereiche ab und tragen in die Karte ein, an welcher Stelle Wasser verbraucht wird.	*Evtl. können Sie im Vorfeld besprechen, worauf geachtet werden könnte, z. B. auf tropfende Wasserhähne o. Ä.*
Präsentation	
Zurück im Klassensaal stellen die Schüler ihre Ergebnisse zunächst je Gruppe so zusammen, dass sie der Gesamtgruppe vorgestellt werden können. Dies kann z. B. anhand von Plakaten, die die Schülergruppen erstellen, geschehen. Anschließend werden die Ergebnisse präsentiert.	*Auf einer Overheadfolie oder an einem interaktiven Whiteboard können die Schülerergebnisse eingetragen und so für alle zugänglich gemacht werden.*

Vertiefung Nach der Präsentation stellt jeder Schüler alleine für die einzelnen inspizierten Bereiche Überlegungen an, ob der Wasserverbrauch dort tatsächlich notwendig ist und ob es eine Möglichkeit gibt, den Verbrauch an dieser Stelle zu senken. Danach besprechen sie mit ihrem Nachbarn ihre Überlegungen, wählen die ihrer Meinung nach wichtigsten Punkte aus und schreiben sie dann gut lesbar auf Plakatstreifen. Diese Überlegungen werden der Klasse vorgetragen, indem die Plakatsteifen an der Tafel geclustert werden.	*Durch die Methode des Think-Pair-Share hat jeder Schüler zunächst einmal die Möglichkeit, sich in seinem eigenen Tempo Gedanken über die Fragestellung zu machen. Danach werden die Ergebnisse in Partnerarbeit besprochen und stichwortartig notiert.* *Das Clustern in der Ergebnissicherung gibt jedem einzelnen Schüler das Gefühl, dass seine Arbeit wertgeschätzt wird.*
Reflexion Um den Schülern für ihr weiteres Leben Handlungsoptionen zu bieten, ist es unbedingt notwendig, am Ende des Unterrichtsblocks mit den Schülern gemeinsam zu reflektieren und eine Übertragung auf ihr Zuhause zu ermöglichen. Folgende Fragen bieten sich zu einer angeleiteten Reflexion an: • Was hast du noch nicht gewusst? • Was war besonders interessant? • Welche Aspekte des Wassersparens kannst du auch auf dein Zuhause übertragen?	*Notieren Sie die Reflexionsfragen evtl. an der Tafel.*

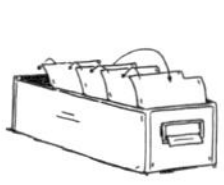

Möglichkeiten der Weiterarbeit:

- Energiesparen in der Schule
- den Wasserkreislauf thematisieren
- Kläranlagen thematisieren

Wasserverbrauch an unserer Schule

Raum/Bereich	
Wasser wird benötigt für:	

Raum/Bereich	
Wasser wird benötigt für:	

Raum/Bereich	
Wasser wird benötigt für:	

Raum/Bereich	
Wasser wird benötigt für:	

Raum/Bereich	
Wasser wird benötigt für:	

Raum/Bereich	
Wasser wird benötigt für:	

Raum/Bereich	
Wasser wird benötigt für:	

Raum/Bereich	
Wasser wird benötigt für:	

Raum/Bereich	
Wasser wird benötigt für:	

Raum/Bereich	
Wasser wird benötigt für:	

Raum/Bereich	
Wasser wird benötigt für:	

Raum/Bereich	
Wasser wird benötigt für:	

Raum/Bereich	
Wasser wird benötigt für:	

Raum/Bereich	
Wasser wird benötigt für:	

Inhalt: Die Schüler setzen sich mit dem Wasserverbrauch eines durchschnittlichen Haushaltes auseinander.

Methodisch-didaktische Überlegungen: In unseren Breiten scheint das Wasservorkommen unerschöpflich, in anderen Regionen dagegen müssen Menschen täglich große Anstrengungen vollbringen, um ihren Wasserbedarf zu decken. Durchschnittlich laufen Menschen in wasserärmeren Gebieten (z. B. in Afrika oder Asien) ca. einen Kilometer zur nächsten Wasserquelle. Mit dem Versuch erfahren die Schüler, wie aufwendig/schwierig und zeitintensiv es ist, die Menge Wasser für eine Badewanne (ca. 80 Liter) in Eimern hertragen zu müssen. Interessante Informationen zum Thema Wasserverbrauch sind auf folgender Internetseite zu finden: www.sparhaushalt.com/spartipps/wasser/wasser_sparen_durchschnittlicher_wasserverbrauch_haushalt_deutschland.htm – Zeitbedarf: 2 Unterrichtsstunden.

Kompetenzen: Vermutungen über den Wasserverbrauch eines Haushaltes anstellen und mit realen Werten vergleichen, Informationen im Gelände durch den gezielten Einsatz eingeführter geografischer Methoden (z. B. Messen oder Zählen) erlangen

Benötigte Materialien/Vorbereitung: 1 Tabelle (▶ S. 59) pro Schüler kopieren, 1 Plakat (▶ S. 60) im DIN-A3-Format für die Tafel kopieren (Lösungen ▶ S. 68), ca. 60 Klebepunkte, ein Wasserhahn/Brunnen auf dem Schulgelände (ein Außenwasserhahn etwa an der Turnhalle), 1 Eimer pro Gruppe, 1 großes Gefäß zur Wasseraufnahme (z. B. Badewanne (kann z. B. über/bei Bauhof angefordert werden), Regentonne, sehr großer Eimer o. Ä.) pro Gruppe

Durchführung/Aufgabenstellungen	*Anmerkungen/Tipps*
Einstieg	
Die Schüler tragen in Einzelarbeit ihre Vermutungen zum Wasserverbrauch bei ihnen zu Hause in die Tabelle (▶ S. 59) ein und vergleichen anschließend ihre Ergebnisse mit einem Partner. Zusammen sollen sie über Gemeinsamkeiten und Unterschiede Vermutungen anstellen.	*Man kann dieses Vorhaben auch mit mehreren Klassen parallel oder nacheinander durchführen und am Ende vergleichen, wer z. B. innerhalb einer vorgegebenen Zeit die meisten Liter eingefüllt hat.*
Im Anschluss daran kleben die Schüler gemeinsam Klebepunkte in das Plakat (▶ S. 60) ein (Beispiel: Für „Kochen“ sind 4, 10 oder 16 Liter vorgegeben. Die Schüler kleben ihren Punkt in den zutreffenden Bereich).	*Die Methode des Think-Pair-Share hat den Vorteil, dass die Schüler in Einzelarbeit eine erste individuelle Schätzung abgeben (think). Diese wird mit einem Partner verglichen (pair) und danach öffentlich gemacht, indem die Punkte in die Tabelle geklebt werden (share).*

Erarbeitung Im Gelände schöpfen die Schüler mit einem Eimer aus einem Wasserhahn/Brunnen innerhalb einer bestimmten Zeit, idealerweise eine halbe Stunde, so viel Wasser wie möglich, um die Badewanne/die Regentonne auf dem Schulhof zu füllen. Dazu stellen sie vorab Überlegungen an, ob sie alleine, zu zweit oder mit noch mehr Schülern den Weg zurücklegen wollen. Soll viel Wasser im Eimer transportiert und riskiert werden, dass auch viel Wasser verschüttet wird? Welche Tragetechniken eignen sich? Nach Ablauf der vorgegebenen Zeit wird das transportierte Wasser nicht mehr angenommen. Dann versammeln sich alle um die Behälter und betrachten das Ergebnis. Das gesammelte Wasser kann anschließend zum Blumengießen, Befülles des Schulteiches oder der Klassenaquarien verwendet werden.	*Besprechen Sie mit den Schülern im Vorfeld, warum Sie die Distanz zum Wasserhahn/Brunnen gewählt haben und dass es Kulturen gibt, bei denen das Wasserholen von Kindern erledigt wird.* *Lassen Sie die Schüler ausprobieren, wie sie vorgehen wollen.* *Erfahrungsgemäß sind manche Schüler schon nach ein paar Runden erschöpft. Sie können als Streckenposten dienen oder das Befüllen übernehmen. Wichtig ist, dass alle Schüler eine Aufgabe haben.*
Präsentation und Sicherung Im Anschluss an die Erarbeitungsphase werden das Plakat und die Tabelle aus der Einstiegsphase (Einschätzung der Gesamtklasse) ausgewertet und mit den realen Zahlen verglichen. In diesem Zuge sollte geklärt werden, was eine Statistik ist, was sie leisten kann und wo deren Grenzen sind. Ggf. sollte der Austausch über die Diskrepanzen zwischen den Schätzungen und den realen Zahlen verschriftlicht werden, damit man später noch einmal auf die Ergebnisse zugreifen kann.	*Hier bietet sich z. B. an, die tatsächlichen Zahlen auf das Plakat zu schreiben, das während der Einheit im Klassensaal hängen bleibt und entsprechend ergänzt werden kann.*
Reflexion Nach der aktiven Phase ist es notwendig, mit den Schülern das Erlebte zu reflektieren. Dabei kann man auf Wassersparmaßnahmen eingehen. Folgende Fragen bieten sich zu einer angeleiteten Reflexion an: • Wie hast du dich beim Wassertragen gefühlt? • Kannst du dir vorstellen, jeden Tag für das Wasser deiner gesamten Familie verantwortlich zu sein? • Hat sich deine Einstellung zum Wasserverbrauch geändert?	*Notieren Sie die Reflexionsfragen evtl. an der Tafel.*

Möglichkeiten der Weiterarbeit:

- Wassersparmöglichkeiten zu Hause thematisieren
- das Klärwerk erkunden und thematisieren
- in eine Einheit zum Thema Kinderarbeit einbetten

Schätze: Wie viel Wasser braucht ihr zu Hause?

Entnahmestelle/ Verwendung	unsere Schätzung in Litern	tatsächliche Menge in Litern	Entnahmestelle/ Verwendung	unsere Schätzung in Litern	tatsächliche Menge in Litern
			Sonstiges (z. B. Autowaschen)		

Wasserverbrauch im Haushalt pro Person und Tag

eure Schätzung in Litern	4	10	16

eure Schätzung in Litern	**4**	**10**	**16**

eure Schätzung in Litern	**4**	**10**	**16**

eure Schätzung in Litern	**4**	**10**	**16**

eure Schätzung in Litern	20	30	40

eure Schätzung in Litern	**20**	**30**	**40**

eure Schätzung in Litern	**20**	**30**	**40**

eure Schätzung in Litern	**20**	**30**	**40**
Sonstiges (z. B. Autowaschen)			

Inhalt: Die Schüler erkunden den Stromverbrauch an ihrer Schule, erkennen die Notwendigkeit des jeweiligen Stromverbrauchs und nennen Einsparmöglichkeiten.

Methodisch-didaktische Überlegungen: Energie bzw. Energiesparen ist als Thema allgegenwärtig – sowohl an Schulen (z. B. Zertifikate) als auch in der Politik und den Medien. Mit dem handlungsorientierten Vorgehen üben die Schüler zum einen, Informationen zu erfragen und in eine Karte einzutragen; zum anderen lernen sie durch die Erkundung die (neue) Schule besser kennen. – Zeitbedarf: 4 Unterrichtsstunden.

Kompetenzen: topografische Skizzen und einfache Karten anfertigen bzw. sich darauf orientieren können, Energieverbrauch sowie Folgen für die Gesellschaft/Umwelt im gesellschaftlichen Kontext angeleitet beurteilen

Benötigte Materialien/Vorbereitung: 1 DIN-A3-Kopie des Schulgeländes bzw. der verschiedenen Gebäude und Stockwerke/Räume für die Tafel; 1 Kartenskizze der Teilbereiche der Schulkartenskizze pro Gruppe kopieren, 1 Legende (▶ S. 63) pro Gruppe kopieren, Filzstifte, ca. 5 Plakatstreifen pro Gruppe, Tesa

Durchführung/Aufgabenstellungen	***Anmerkungen/Tipps***
Einstieg	
An der Tafel hängt die DIN-A3-Kopie (Kartenskizze) des Schulgeländes bzw. der verschiedenen Gebäudeteile und Stockwerke. Diese soll am Ende der Einheit ausgefüllt sein.	*Diesen „Schulplan" können Sie im Vorfeld gemeinsam mit den Schülern erstellen. Zur besseren Übersicht sollte für jedes Gebäude bzw. Stockwerk eine eigene Kopie vorhanden sein, sodass anschließend jede Gruppe einen eigenen Bereich erarbeitet.*
Es werden Kleingruppen eingeteilt, die jeweils eine Kartenskizze eines Gebäudes oder Stockwerkes erhalten. Die Schüler sollen die Kartenskizze nun einnorden und den Klassensaal markieren. Nun wird gemeinsam mit der gesamten Lerngruppe eine Legende erstellt (▶ S. 63). In dieser Legende wird festgehalten, was kartiert werden kann: Lampen, TV- und Videogerät, Lüftung, Backofen, Mikrowelle, Kaffeemaschine, Computer, Lichtschalter usw.	
Erarbeitung 1	
Die Schüler erkunden die verschiedenen Bereiche der Schule hinsichtlich des Stromverbrauchs. Dabei sollen sie genau beobachten (auch in den Pausen, vor oder nach der Schule), ob in Räumen das Licht brennt und/oder Geräte eingeschaltet sind.	
Auch die Befragung von Schülern anderer Klassen, Lehrern und anderen Schulmitarbeitern kann einbezogen werden. Die Ergebnisse sollen die Schüler anhand der Legende in der Kartenskizze notieren.	*Es ist sinnvoll, dies bereits im Vorfeld mit Kollegen abzusprechen.*

Präsentation 1 Die Ergebnisse werden nun vor der Klasse vorgestellt, die Kartenskizzen werden mit den „Blanko“-Kopien an der Tafel ausgetauscht und an die Tafel gehängt, sodass nun ein Gesamtüberblick über die Schule entsteht.	*Gemeinsam mit der Gruppe können abschließend wichtige Punkte auf den Kartenskizzen markiert werden sowie erste Überlegungen zum Stromsparen diskutiert werden.*
Erarbeitung 2 Im Anschluss sollen Tipps für die Schule erarbeitet werden, wie und an welchen Orten man gezielt Strom einsparen kann. Die Schüler sollen sich dazu mit ihrer Kleingruppe ihre und auch die Ergebnisse der anderen Gruppen noch einmal anschauen und auf Plakatstreifen ihre Ergebnisse festhalten.	
Präsentation 2 Diese Überlegungen sollen abschließend der Klasse vorgetragen werden, indem die Plakatsteifen an die Tafel geklebt werden und die Überlegungen begründet werden. Gemeinsam wird entschieden, welche der Überlegungen sinnvoll / umsetzbar sind.	
Reflexion Um den Schülern für ihr weiteres Leben Handlungsoptionen zu bieten, ist es unbedingt notwendig, am Ende des Unterrichtsblocks mit den Schülern gemeinsam zu reflektieren und eine Übertragung auf ihr Zuhause zu ermöglichen.	

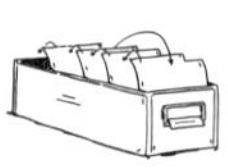

Möglichkeiten der Weiterarbeit:

- Tipps zum Stromsparen an der Schule umsetzen
- Hinweisschilder mit Tipps zum Stromsparen für die anderen Schüller erstellen und in der Schule aufstellen / aufhängen

Stromverbrauch durch …	Symbol	Wie oft auf meiner Kartenskizze vorhanden?
Computer		
Licht • mit Lichtschalter • mit Bewegungsmelder		
Elektrische Rollladen		
TV- und Videogerät		
Kaffeemaschine		
Mikrowelle		
Backofen		

Inhalt: Die Schüler eignen sich die aktuellen Vorgaben zur Mülltrennung an und führen eine Mülltrennung mit dem Müll, der in der Schule anfällt, durch.

Methodisch-didaktische Überlegungen: Die Themen Abfallvermeidung, umweltschonende Müllbeseitigung und somit auch Mülltrennung werden immer wichtiger und sind für die Schüler allgegenwärtig. Mit dem Vorgehen üben die Schüler zum einen, sich Informationen zu erarbeiten und diese zu präsentieren; zum anderen lernen sie die Thematik „Mülltrennung" kennen, indem sie mit dem angefallenen Müll an der eigenen Schule (Lebensweltbezug) konfrontiert werden. Anschließend setzen sie das, was sie erarbeitet/präsentiert haben, um. Auf diese Weise sollen sie ihren eigenen Umgang mit Müll überdenken und alternative Handlungsmöglichkeiten entwickeln. – Zeitbedarf: 3 Unterrichtsstunden (projektbezogen).

Kompetenzen: gezielt Informationen aus Broschüren heraussuchen, Begriffe und Fakten zum Thema Mülltrennung kennen und diese dem Basiskonzept zuordnen, die Entstehung von Müll sowie dessen Folgen für die Gesellschaft/Umwelt im gesellschaftlichen Kontext angeleitet beurteilen

Benötigte Materialien/Vorbereitung: Müll, der auf dem Pausenhof eine Woche lang gesammelt wurde/weiterer Müll, der nicht auf dem Pausenhof entsteht (Ausnahme Biomüll, dieser sollte kurzfristig gesammelt werden), Mülltüten, Handschuhe bzw. Greifzangen (vom Hausmeister), farbige Kreide, Müllsorten (▶ S. 67) kopieren und ausschneiden, Begriffskarten (▶ S. 66) kopieren und ausschneiden, Filzstifte, Digitalkamera, Informationsmaterial zur Mülltrennung (z. B. Internetseite des lokalen Müllentsorgers oder des Bürgeramtes), gekennzeichnete Mülleimer bzw. vorhandene Mülltonnen, Plakate in den Farben der Mülltonnen, Plakatstreifen

Durchführung/Aufgabenstellungen	***Anmerkungen/Tipps***
Einstieg	
Die Schüler sammeln eine Woche lang den Müll auf dem Pausenhof.	*Evtl. können einzelne Schüler eine Woche lang den „Mülldienst" übernehmen (Absprache mit dem Hausmeister).Die hier aufgeführten fünf „Müllsorten" können ggf. erweitert werden, z. B. durch Glas usw.*
Gemeinsam wird auf dem Pausenhof geklärt, welche Mülltonnen es gibt (▶ S. 67). In den entsprechenden Farben werden vier Quadrate (ca. 2 m x 2 m) mit Kreide auf den Pausenhof gemalt und mit der entsprechenden Müllsorte (▶ S. 67) versehen. Ein weiteres Quadrat mit einem Fragezeichen wird auf den Hof gemalt.	
Nun sollen die Schüler den angefallenen Müll sowie die Begriffskarten (▶ S. 66) in die jeweiligen Quadrate sortieren. Anschließend stellen sie sich in einem Kreis auf und überlegen, ob sie alle mit dem Ergebnis einverstanden sind. Einwände sollten begründet werden. Gegenstände, bei denen auch nach einer Diskussion Uneinigkeit herrscht, werden in das Quadrat mit dem Fragezeichen gelegt.	*Halten Sie sich in dieser Phase bewusst zurück. Eine Meldekette ermöglicht eine geordnete Diskussion.*
Das Ergebnis wird mit der Digitalkamera oder schriftlich festgehalten und der Müll je nach Müllsorte sortiert in Mültüten geworfen. Diese können in einem Schrank im Klassensaal aufgehoben werden.	*Ausnahme: Biomüll*

Erarbeitung Es werden Kleingruppen gebildet, die je eine Müllsorte übernehmen. Nun setzen die Schüler sich mit den offiziellen Vorgaben zur Mülltrennung auseinander und vergleichen diese mit der vorausgegangenen Mülltrennaktion. Anschließend werden Plakate zu der jeweiligen „Müllsorte" erstellt. Das Plakat sollte eine Überschrift haben, allgemeine Vorgaben benennen und Platz für Fotos lassen.	*Wählen Sie die Farbe der Plakate entsprechend der Müllsorte und legen Sie alle Materialien für die Plakate bereit.* *Die Fotos sollen die Schüler zu Hause ausdrucken bzw. entwickeln lassen.*
Präsentation Die Plakate werden nun dem Plenum präsentiert. Dies kann z. B. in Form eines Museumsgangs erfolgen.	
Sicherung Entsprechend der Plakate wird abschließend die „richtige" Mülltrennung auf dem Pausenhof durchgeführt und fotografiert. Die Fotos bringen die Schüler anschließend auf dem jeweiligen Plakat an und stellen diese für die ganze Schule aus.	*Die Fotos sollen die Schüler zu Hause ausdrucken bzw. entwickeln lassen.*
Reflexion Die neu gewonnenen Erkenntnisse sollten reflektieren werden, um den Schülern einen Transfer auf ihr Verhalten zu Hause zu ermöglichen. Folgende Fragen bieten sich zu einer angeleiteten Reflexion an: • Was fällt dir beim Vergleich der ersten mit der endgültigen Mülltrennung auf? • Was hast du dazugelernt? • Wie bewertest du die aktuellen Vorgaben zur Mülltrennung? • Hat die Bearbeitung dieses Themas Auswirkungen auf dein Verhalten? Welche Aspekte des Mülltrennens kannst du auch auf dein Zuhause übertragen?	*Notieren Sie die Reflexionsfragen evtl. an der Tafel.*

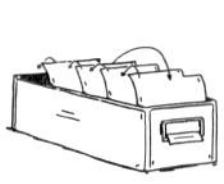

Möglichkeiten der Weiterarbeit:

- eine Ausstellung zur Mülltrennung gestalten / andere Klassen informieren
- Müllentsorgungsanlage besuchen
- Klassenräume mit Mülleimern zur Sortierung ausstatten
- Maßnahmen zur gezielten Müllvermeidung besprechen

Schnürsenkel

Apfelrest

Luftballon

Laub

Brotpapier

Bonbonpapier

Glasflasche

Alufolie

Tetrapack

Batterie

Plastikbecher

Strohhalm

Kabel

Bananenschale

Schraube

Joghurtbecher

Kaugummi

Dose

durchgebrochener Kugelschreiber

Kronkorken

Restabfall

Bioabfall

Papier

Sondermüll

gelber Sack

Tag und Nacht (S. 6)

1. In Neuseeland.

Zu 2. und 3.: Je nach Jahreszeit gibt es Länder (nördlich und südlich des nördlichen bzw. südlichen Polarkreises), in denen es eine Polarnacht bzw. die Mitternachtssonne gibt. Diese dauert direkt an den Polen sechs Monate, sechs Monate lang ist es dort dunkel/hell. Die Dauer der Polarnacht/der Mitternachtssonne nimmt zu den Wendekreisen dementsprechend langsam ab.

4. Zum Beispiel in Europa.

5. Die Erde dreht sich in 24 Stunden ein Mal um die eigene Achse.

6. Sie entstehen, weil sich die Erde innerhalb eines Tages ein Mal um sich selbst dreht. Tag ist es, wenn wir uns auf der der Sonne zugewandten Seite befinden; Nacht ist es, wenn wir uns auf der der Sonne abgewandten Seite befinden.

7. Durch die Schrägstellung kommt es zur Entstehung der Jahreszeiten.

Die Klimazonen (S. 43)

Polare Zone	Subpolare Zone	Gemäßigte Zone	Subtropische Zone	Tropische Zone
Pinguin	Grizzlybär	Reh	Känguru	Anakonda
Eisbär	Rentier	Wildschwein	Koalabär	Tukan
Hahnenfuß-gewächse	Zwergsträucher	Apfelbäume	Zitrusfrüchte	Affenbrotbäume
Kaum Vegetation	Moose und Flechten	Eichen	Lorbeer	Palmen
Polartag/ Polarnacht	Polartag/ Polarnacht	Jahreszeiten-klima	Tageszeitenklima	Tageszeitenklima

Wasser transportieren (S. 57)

Entnahmestelle/ Verwendung	unsere Schätzung in Litern	tatsächliche Menge in Litern	Entnahmestelle/ Verwendung	unsere Schätzung in Litern	tatsächliche Menge in Litern
		4			39
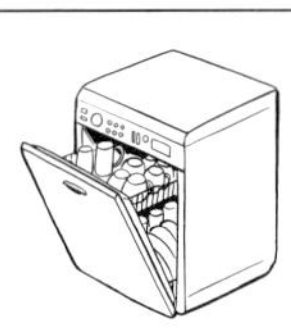		8			5
		19			44

Quelle für die tatsächlichen Wassermengen: http://www.sparhaushalt.com/spartipps/wasser/wasser_sparen_durchschnittlicher_wasserverbrauch_haushalt_deutschland.htm